ニュートン新書

はじめてでもわかる量子論

松浦 壮＝監修

はじめに

量子論とは、とっても小さなミクロの世界を支配する物理理論のことです。あらゆる物質は、どこまでも細かく分割していくと「原子」にたどり着きます。さらに、原子をもっと細かく分割すると、最終的に電子などの素粒子に行き着くと考えられています。このような原子や素粒子などが登場するミクロな世界は、日常の世界とはまったくことなります。私たちの常識からは考えられないような、とんでもない現象がたくさんおきているのです。

たとえば、原子を構成している電子は、観測すると粒子としての姿をあらわします。しかし、普段は波としての性質をもっており、一つの電子は複数の場所に同時に存在しているというのです。そのような1000万分の1ミリメートル以下のミクロな世界を支配する物理理論が「量子論」です。量子論は、現代の物理学や科学技術の大きな土台となっているとても重要な理論です。たとえば、化学反応がなぜおきるのか、といった化学の根源的な疑問に対して量子論は答えを出すことに成功しました。また、コンピューターやスマートフォンの動作に不可欠な「半導体」の性質を解き明かしたのも量子論です。量子論の発展がなければ、私たちの現代の生活はありえなかったのです。

本書では、量子論の基礎から最新の応用までをやさしく解説します。数式をほとんど使わず、はじめて学ぶ人でも量子論の重要さを実感できるはずです。どうぞ量子論の不思議な世界をお楽しみください。

目次

第2章　ミクロな物質は「波」と「粒子」の性質をもつ　37

第3章　ミクロな物質は同時に複数の場所に存在する　89

第4章 量子論があばいた不思議な世界 119

第5章 現代社会で活躍する量子論 141

第6章　量子論を応用した未来の技術　191

第1章

イントロダクション

20世紀初頭までの世界観をくつがえした、二つの理論があります。時間と空間の理論である「相対性理論」、そして「量子論（量子力学）」です。この二つの理論が、「現代物理学において、最も重要で、最も基礎となっている理論」といっても過言ではありません。

アインシュタインの相対性理論があまりにも有名なので、その陰に隠れがちですが、コンピューターをはじめとする現代のテクノロジーの土台になっているという点においては、量子論に勝る理論はないでしょう。

量子論は、物質を小さく分割していくとあらわれる原子や電子、光といった〝自然界の主役〟の正体にせまる理論です。量子論はまた、アインシュタインでさえ生涯悩み抜いたといわれる、実に不思議な要素を含む理論でもあります。

運命は決まっていない

この世界でおきるさまざまな現象の背後には、共通したルールがあります。物理学というのは、身のまわりのあらゆる現象にひそむ、自然界のルールを解き明かす学問です。そのため、物理学を使えば、自然現象のしくみを理解したり、予測したりできます。人類の文明が、これだけ発達しているのも、先人たちが一つ一つ自然界のルールを見つけ出してきたからといえるでしょう。なかでも量子論は、現代社会には欠かすことはできない物理理論です。量子論は、従来の常識を大きくくつがえした革命的な理論なのです。

ここではまず、量子論にまつわる興味深いお話をしましょう。量子論が誕生する以前は、あらゆる物体の運動は「ニュートン力学」で説明がつくと考えられていました。ニュートン力学は17世紀に、イギリスの物理学者、アイザック・ニュートン

（1642～1727）が打ち立てたものです。物体が力を受けてどのように運動するかを説明する理論といえます。地上の物の動きから、宇宙の天体の動きまで、さまざまな現象がニュートン力学で説明できます。物理学全体の基礎となるものすごく重要な理論です。

たとえば、ボールを投げることを考えましょう。もし、ボールを投げた瞬間の速さと向き、高さなどが厳密にわかれば、地面に落ちる位置はニュートン力学によって正確に計算で求めることができます。計算の方法は省略しますが、ボールを地上2メートルの高さから、角度45度、秒速20メートルの速さで斜め上に放り投げたとすると、約42・7メートル先の地点にボールは落下します。なお、空気抵抗は無視しています。つまりニュートン力学によれば、「ボールの落下地点は、投げる瞬間にはすでに決まっている」といえるでしょう。このように、ニュートン力学を使えば、ボールの遠投だけでなく、さまざまな物の動きをあらかじめ計算で予測することができます。

では、サイコロを使ったギャンブルはどうでしょうか。計算でサイコロの出目が予測できれば、大金持ちになれそうです。

実際にはサイコロの出る目を計算で予測することは、なかなかむずかしいです。でもそれは、サイコロを投げた瞬間の状態を厳密に知ることができないからです。つまり原理的には、投げた速さ、角度、高さ、サイコロの形状など、すべての条件が厳密にわかれば、出る目を正確に計算することはできるはずです。ですから、ニュートン力学によると「サイコロも投げる瞬間に出る目は決まっている」といえるでしょう。

フランスの科学者、ピエール・ラプラス（1749〜1827）は、このようなニュートン力学の考えを発展させて、次のように考えました。

「仮に、宇宙のすべての物質の現在の状態を厳密に知っている生物がいたら、その生物は宇宙の未来のすべてを完全に予言することができるだろう。つまり未来は決まっていることになる」。

この仮想的な生き物は、ラプラスの魔物とよばれています。

たしかに、ここまでの話を聞くと、宇宙のすべての物質の今の状態がわかれば、原理的にはあらゆる未来のことを計算で求められそうな気がしませんか。実際にラプラスのような考え方は、当時の物理学者の間では一般的でした。

あらゆる現象がニュートン力学にしたがうのであれば、現在の宇宙の状態から、未来のことをすべて予測できることになります。未来を予言することができないのは人間の能力に限界があるからで、実際には未来は決まっている、と考えられていたわけです。

明日の朝、あなたが何時に目覚めるのか、何を食べるのか、来年の今日何をしているのか、何歳で死ぬのかなど、本当に運命がすべて決まっているのでしょうか。

にわかには信じがたいことでしょう。

ここで登場するのが量子論です。19世紀末に誕生した量子論によって、「未来は決まっている」という考え方は、実は正しくないことがわかったのです。

量子論によると、仮にラプラスの魔物が宇宙のすべての物質の情報を知ることができても、未来がどうなるかを予言することは原理的に不可能なのです。つまり、未来は決まっていないということです。

さて、量子論とはいったいどのような理論なのでしょうか。これからくわしく見ていきましょう。

量子論は、小さな世界の物理理論

量子論とは、簡単にいうと、ミクロな世界をあつかう物理学の理論です。

先ほどものべたように、ボールなどの日常生活で目にするような大きさの物体の運動は、ニュートン力学で説明できます。しかし、原子レベルのミクロの世界は、私たちが日常生活で目にする世界とはまったく事情がちがいます。ニュートン力学は万能ではなく、ごくごく小さな世界では、十分に力を発揮できないのです。

そこで、ニュートン力学にかわる新しい理論が必要になりました。それこそが量子論です。量子論とは「非常に小さなミクロな世界で、物質を構成する粒子や光などがどのようにふるまうのかを解き明かす理論」といえます。

量子論が対象とするミクロな世界とはどれくらいのスケールでしょうか。

ミクロな世界と聞くと、細胞や細菌、ウイルスといったものを思い浮かべる人もいるかもしれません。確かに細胞サイズ、すなわち0・01ミリメートル程度の大きさを「ミクロな世界」と表現する場合もありますが、量子論の対象になるのはもっともっと小さなものです。細胞レベルのことを説明するのに、量子論はほぼ必要ありません。

量子論が対象とするのは、原子レベル以下、すなわち、およそ1000万分の1ミリメートル以下の世界です（図1－1）。

原子レベル以下の世界といってもピンとこないかもしれないですね。

たとえば、いま、目の前にビー玉があるとします。このビー玉は、細かく見ると、たくさんの原子でできています。このビー玉を地球の大きさにまで拡大します。このとき1個の原子の大きさはちょうど野球ボールと同じくらいの大きさになります。

さらに原子の構成要素に注目してみましょう。原子は、中心に存在する原子核と、原子核の周囲をまわっているいくつかの電子とでつくられています。原子核はプラス、電子はマイナスの電気をもちます。

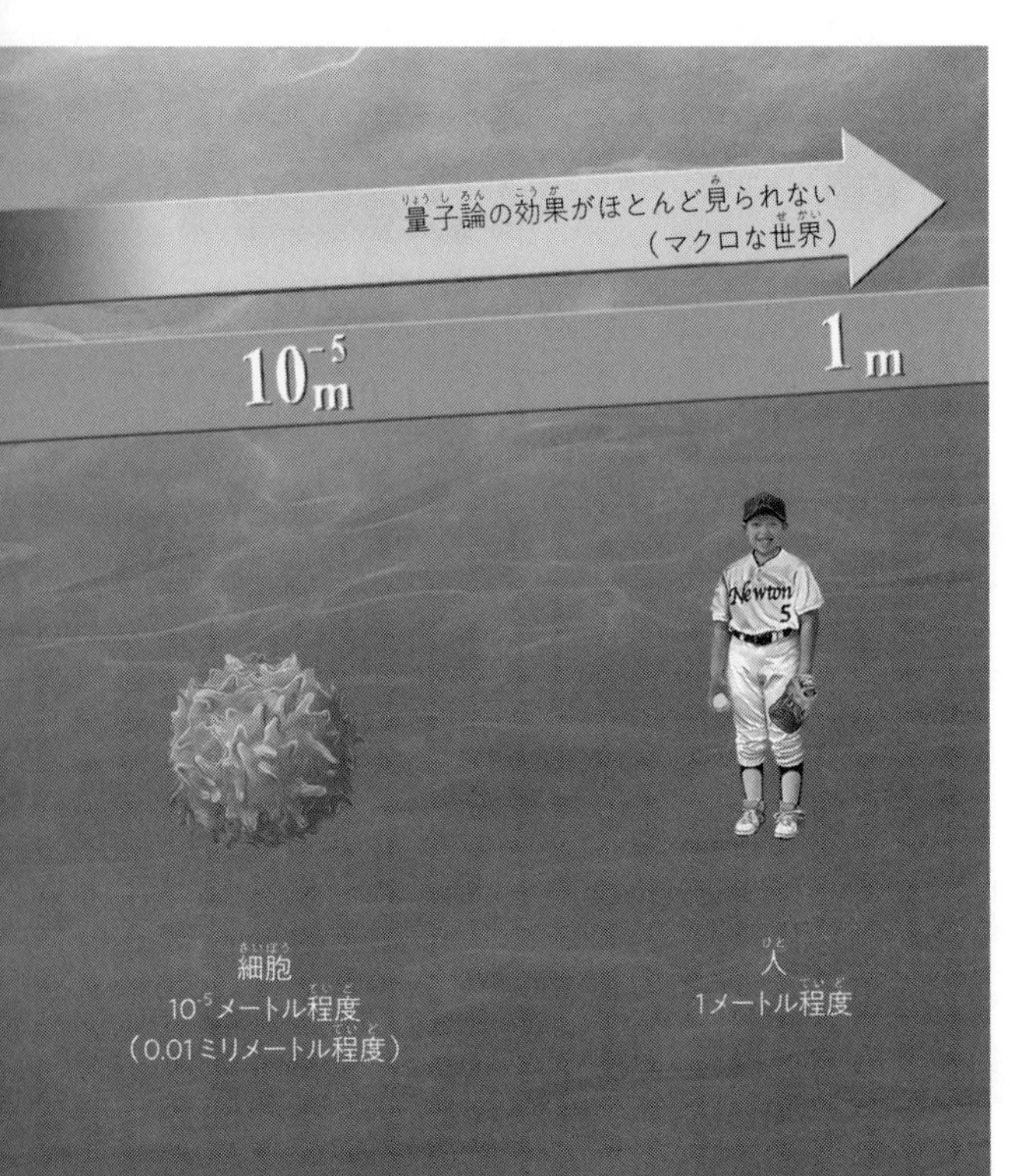
量子論の効果がほとんど見られない
（マクロな世界）
10^{-5}m
1m
細胞
10^{-5}メートル程度
（0.01ミリメートル程度）
人
1メートル程度

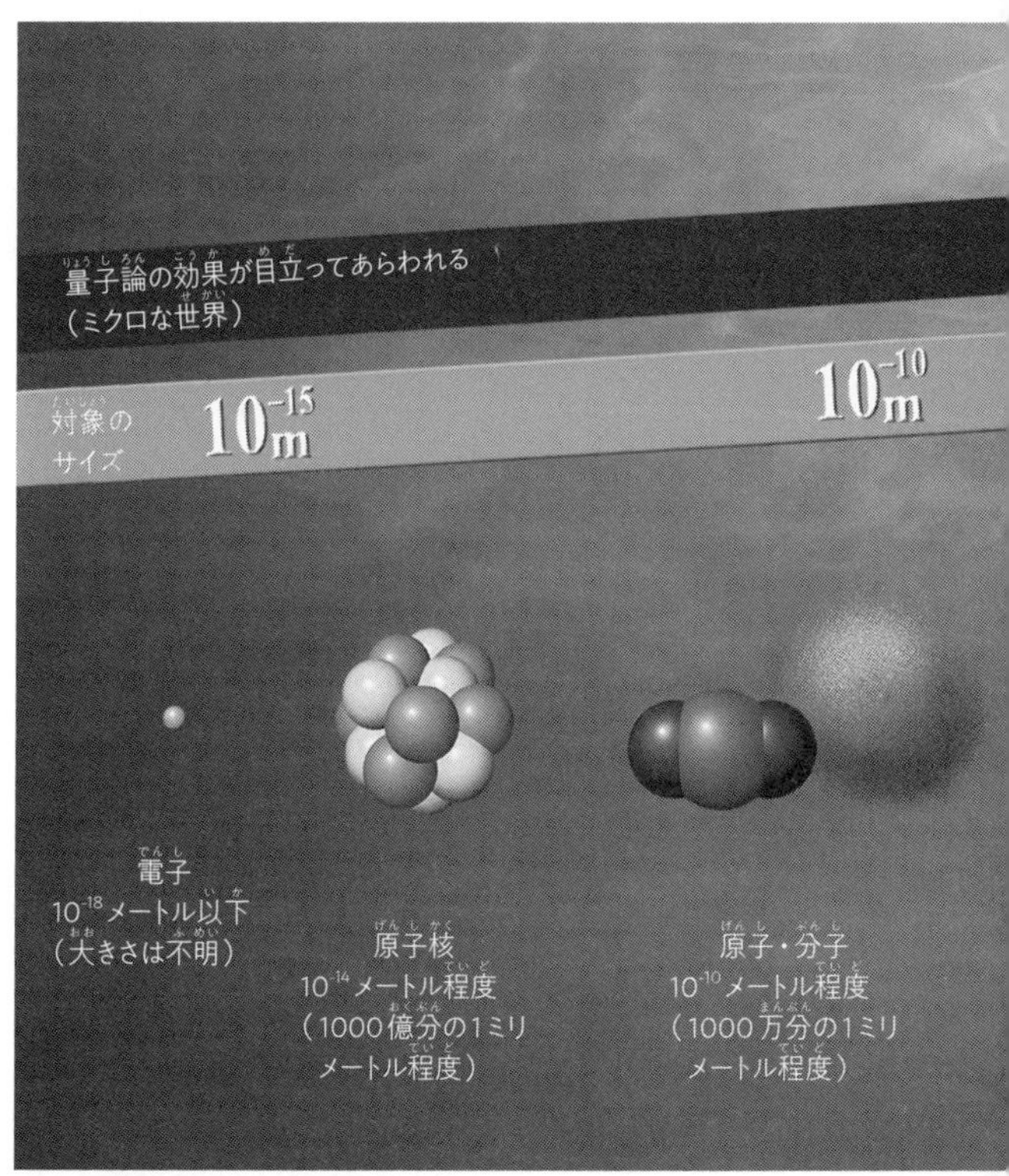

図1-1　量子論と自然界のサイズ

今度は原子核をビー玉に見たててみましょう。それを東京ドームの真ん中に置いたとします。すると、原子核のまわりをまわっている電子の軌道、つまり原子そのものの大きさは、ほぼ東京ドーム全体の大きさになります。つまり、原子はすっかすかなのです。

原子核のまわりをまわっている電子の大きさはわかっていませんが、原子核よりずっと小さいことはわかっています。そしてこの電子が、この本の主役級の登場人物です。

量子論の舞台がいかに小さな世界なのか少しは実感できましたか。

量子論の重要ポイント

この本では数式をなるべく使わずに、量子論について紹介していきますが、量子論はイメージするのがとてもむずかしい理論でもあります。それは、量子論があつかうミクロな世界では、物質が私たちの常識とはあまりにことなるふるまいをするからです。

量子論を理解する上でとても重要なポイントを二つ紹介しましょう。まず、一つ目は波と粒子の二面性です。量子論によると、電子などのミクロな物質や光は、波の性質と同時に粒子の性質をもっているのです。もうすでに意味がよくわからないかもしれません。

私たちの常識では波は広がりをもつものであり、粒子は特定の1点に存在するもので、たがいに相容れないものです。しかし量子論が語るミクロな世界では、光や電子などが、まるで白と黒の二面をもつオセロのコマのように、「波の性質」と「粒子の性質」の両方をもっているのです。ただし、粒子である電子が、波を打って飛んでいるという意味ではありません。電子という1個の粒子が、同時に波でもあるということです。

イメージがむずかしいかもしれませんね。波と粒子の二面性については、このあとの第2章でくわしく解説します。

さて、量子論のポイント二つ目は、状態の共存です。

ミクロな世界では、一つの物が同時に複数の場所に存在できます。これが状態の共存です。あるいは状態の重ね合わせともいいます。

一つのものが複数の場所に存在するとは、とても不思議に思えますが、ミクロな世界では実際にそのような現象がおきているのです。状態の共存については、第3章でくわしく説明しましょう。「波と粒子の二面性」と「状態の共存」は実験的にも確かめられていて、量子論で最も重要な性質といえます。量子論を理解するためには、ミクロな世界ではこのような私たちの感覚とはかけはなれた現象がおきていることを、まず受け入れる必要があります。

量子論があばいた原子の姿

「波と粒子の二面性」や「状態の共存」は量子論を支える2本の柱です。これをベースにして、量子論の誕生以前と以後では、さまざまな物の見方が一変しました。その一例をいくつか紹介しましょう。まずは原子の姿です。

一般的に、原子は原子核のまわりを電子がまわっているようにえがかれます。中学校の理科の教科書などでもそのようなイラストを見たことがあるのではないでしょうか（図1－2左下）。

しかしそれは、量子論が誕生する前の考え方をもとにしたもので、厳密には正しいとはいえません。電子は原子核の周囲をまわってなどいないのです。

量子論にもとづいた、より正しい原子の姿をイラストにすると、原子核のまわりを〝電子の雲〟が取り巻いているものになります。

原子のしくみなどを説明するには、従来のイラストの方が都合がよいことが多くあり、現在でもよく使われています。しかし実際には、こちらの方がより正しい姿なのです。

量子論が明らかにした、ミクロな世界の不思議な事実はまだまだあります。たとえば、「電子などのミクロな物質は、壁をすり抜けることができる」ということがわかりました。これはトンネル効果とよばれています。

野球のボールを壁に当ててもはね返ってくるだけですが、ミクロの世界の住人である電子の場合は、壁をすり抜けて反対側にあらわれることがあるのです。

これらの不思議な現象は第4章で紹介しましょう。

図1-2　量子論があばいた原子の姿

シュレディンガーのネコ

量子論にともなって提案されたシュレディンガーのネコという有名な思考実験がありります。名前だけは聞いたことがある人もいるかもしれません。

シュレディンガーのネコは、1935年にオーストリア出身の物理学者、エルヴィン・シュレディンガー（1887〜1961）が提案したもので、おおよそ次のようなものです。

外から中が見えない箱の中に、1匹のネコが入っています。箱の中には、放射性物質と放射線検出器、そして放射線検出器と連動した毒ガス発生装置も入っています。放射線検出器が放射線を検出すると、毒ガスが発生して、箱の中のネコは死んでしまいます。
放射性物質がいつ放射線を出すかは、予測がつきません。ただし、放射性物質は10分の間に50％の確率で放射線を出すことがわかっています。つまり、10分後にネコが死んでいる確率は50％ということになります。

量子論を使ってこの思考実験を検証すると、謎めいた主張が出てきます。

それは、観測者が確認するまで、箱の中のネコは生きている状態と死んでいる状態が重なり合っているというものです。

常識的に考えれば、ネコの生死は箱を開ける前に決まっているはずです。ところが量子論の解釈によれば、ネコの生死は決まってなどおらず、両方の状態が共存していると考えるのです。そして箱の中を確認した瞬間にはじめてネコの生死が確定します。

先ほど説明したように電子などのミクロな物質は、複数のことなる状態を同時にとることが実験で明らかになっています。ネコのような大きな物も複数のことなる状態をとることができるのでしょうか。このシュレディンガーのネコについては第3章でくわしくお話ししましょう。

量子論は、私たちの世界にも関係している

量子論の世界は、私たちの日常とはかけはなれていて、あまりにも現実味がありません。しかし、量子論はミクロな世界だけでなく、私たちが実感できるようなマクロな世界にも適用できます。

逆に、量子論が誕生する以前の理論、たとえば物体が力を受けてどのように運動

するかなどを説明するニュートン力学や、電気や磁気に関する理論のマクスウェルの電磁気学などは、マクロな世界でしか適用できません。これらの量子論以前の理論を古典論といいます。

ただし、ニュートン力学などの古典論は今ではもう不要だというわけではありません。たとえば、マクロなサイズの物体の運動に量子論を適用しようとすると、その計算量が膨大になってしまいます。そこで実用上、計算が楽な古典論が使われます。マクロな世界では、量子論による答えと古典論による答えがほとんど同じになるのです。

ただし、量子論を使わないと説明できないような、マクロな現象も多く見つかっています。たとえば、自然界の物質は、電流を流す金属、電流を流さない絶縁体、その中間の性質の半導体におおまかに分類することができます。物質の中を自由に動きまわれる電子のことを自由電子といい、この自由電子をたくさんもっているのが金属で、もたないのが絶縁体です。
そして金属にどれくらいの電圧をかければ、どれくらいの電流が流れるのかなどは古典論で計算できます。しかし、ある物質がなぜ自由電子をもち、別の物質がなぜ自由電子をもたないかは、量子論を使わないと説明がつきません。量子論にもとづく半導体の正しい理解がなければ、現在のようなＩＴ社会は生まれなかったといえるでしょう。

それから、リニアモーターカーなどに利用される超電導も量子論の効果によっておきる現象です。さらに量子論は宇宙誕生の謎を解明するのにも必要です。量子論と並ぶ現代物理学の土台となる理論に相対性理論があります。これら二つの理論にもとづいて、宇宙は「無」から生まれたという仮説がとなえられています。

「無」とは、物質どころか、空間さえも存在しない状態です。常識的には考えるのがむずかしいですが、量子論は宇宙誕生の謎にもせまることができるわけです。

量子論が、現代社会や現代科学の中でどのように活躍しているのかは、第5章でお話しします。

というわけで、次の第2章から、量子論とはどういう理論なのかくわしく説明していきましょう。

第2章

ミクロな物質は「波」と「粒子」の性質をもつ

量子論を理解するキーワードは、「波と粒子の二面性」と「状態の共存」です。この第2章ではまず「波と粒子の二面性」について解説していきます。ミクロな世界では、光や電子などが「波」の性質と同時に「粒子」の性質をもっているのです。量子論誕生以前は、光は波であり、電子は粒子だと考えられていました。量子論誕生の経緯をたどりながら、「波と粒子の二面性」についてせまっていきましょう。

光やミクロな物質は、波でもあり、粒子でもある

ここから量子論についてくわしく説明をしていきましょう。まず第1章で説明した「波と粒子の二面性」からはじめます。波と粒子の二面性は、理解しにくい考えですが、まずは雰囲気をつかんでください。

波と粒子の二面性とは、「電子などのミクロな物質や光は、波のような性質と粒

子のような性質の両方をもつ」ということです。これこそ量子論の基本原理です。でも、これだけを聞いても何のことかさっぱりわからないでしょう。

そこでまずは、そもそも波と粒子とは、どういうものなのかを考えてみましょう。はじめに波は、「ある場所での何かの振動が、周囲に広がりながら伝わっていく現象」といえます。たとえば、水面の波は身近な波の例です。水面に石を落とすと石が落ちた場所の水面が揺らされます。するとこの振動が周囲に広がって波になります。

また、波の重要な性質に、広がりながら進むということがあります。そのため波は、障害物があってもその後ろの陰の部分にまでまわりこんで進みます。この現象を回折といいます。たとえば防波堤の隙間に海の波がやってくると、隙間の先にも波は広がります(図2-1)。これが回折です。

では次に、粒子について考えてみましょう。粒子とは、簡単にいえばビリヤード

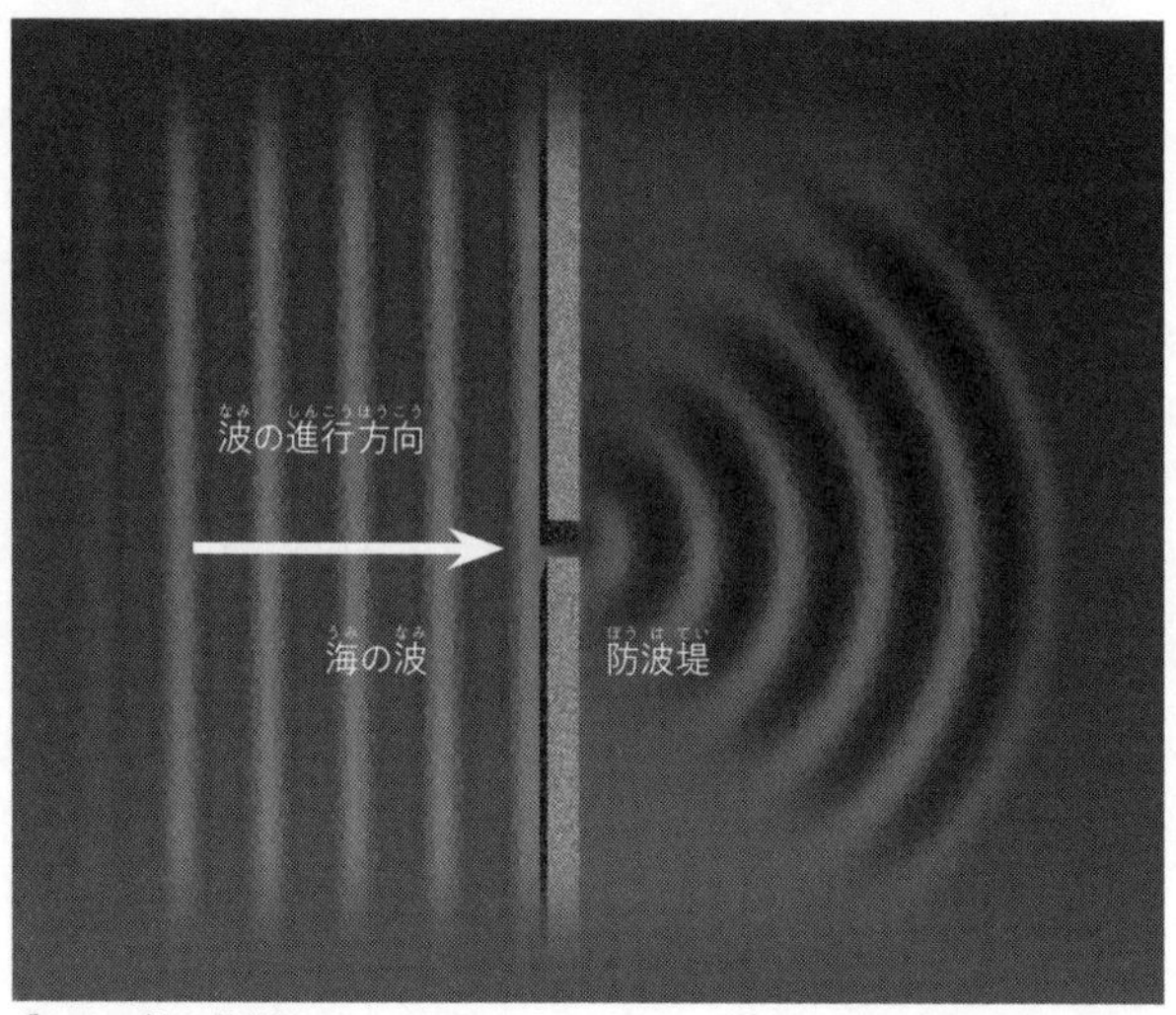

図2-1　波の回折

の球を小さくしたようなものです。

波の場合は、広がりをもっため、「ここにある！」と一点だけを指し示すことはできませんが、ビリヤードの球なら可能です。

また、広がりながら進む波とちがって、粒子は、力がおよばないかぎり、まっすぐ進みます。何かに衝突したりしてはじめて進行方向を変えるのです。

波と粒子とは相反するものであり、両者の性質を一度にもつものなど常識的には考えられないでしょう。しかし、量子論によると、光や電子は波の性質をもちながら、粒子の性質ももちます。

ミクロの世界は、私たちが接している日常の世界とまったくちがっており、私たちにとって非常識なことが、ミクロな世界では常識になるのです。

光や電子は「波と粒子の二面性」をもつわけですが、これを完全に正しい形で絵にすることはできません。絵では完全に表現できないのが、ミクロな世界の本質だともいえるでしょう。これから光や電子をさまざまな形でイラストにしますが、それらは光や電子のほんとうの姿をあらわしているわけではありません。あくまで「一つの側面だけを取り出して表現している」と考えてください。でも、これから本書を読み進めていけば、きっと絵にはできない光や電子の姿がおぼろげながらイメージできるようになると思います。

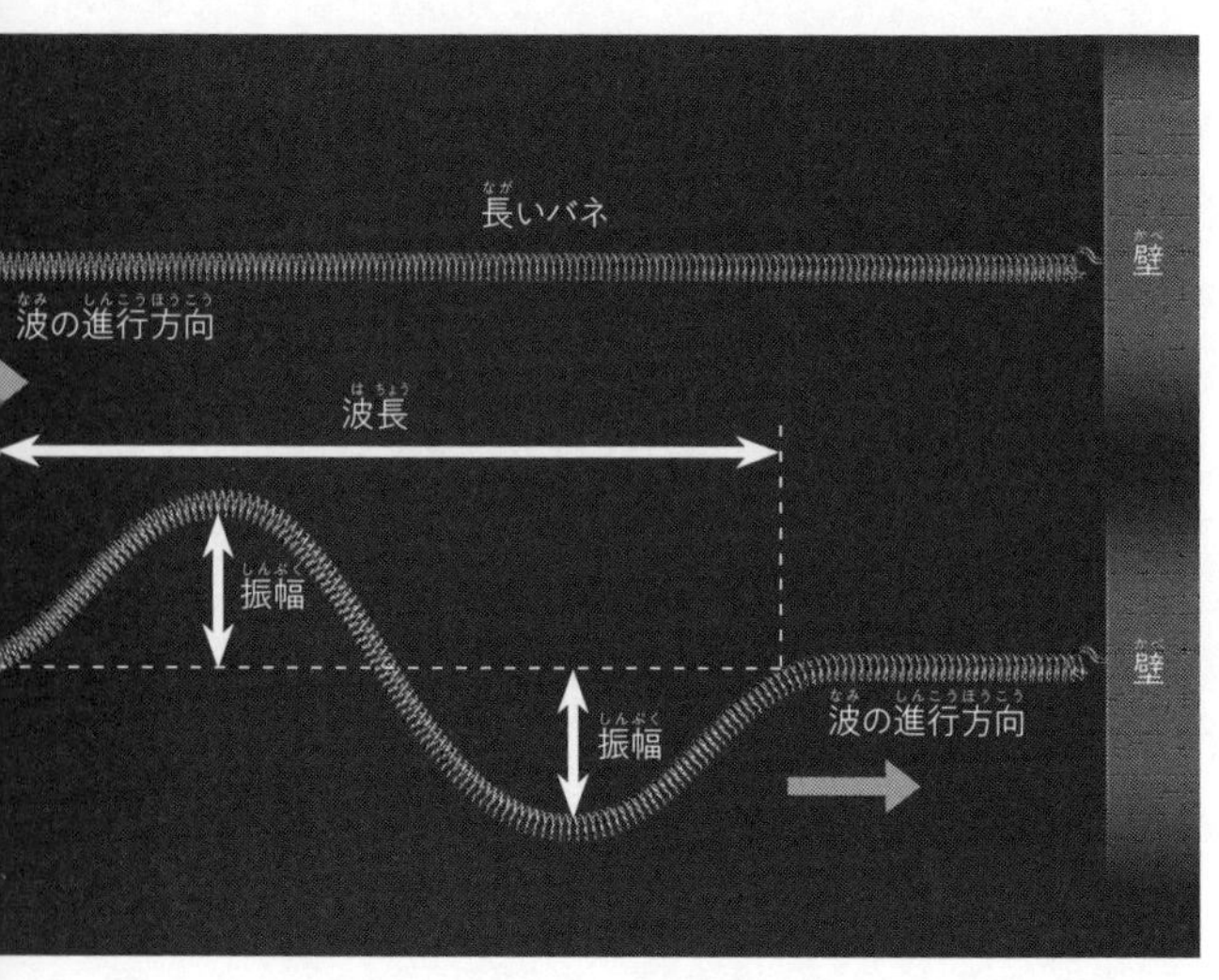

この第2章では最初に、量子論誕生の立役者である光に焦点を当てて、波と粒子の二面性にまつわる歴史を追っていきましょう。波と粒子の二面性がどういうことなのか、少しずつ見えてくると思います。

波はぶつかると強め合ったり、弱め合ったりする

ニュートン力学を確立した17

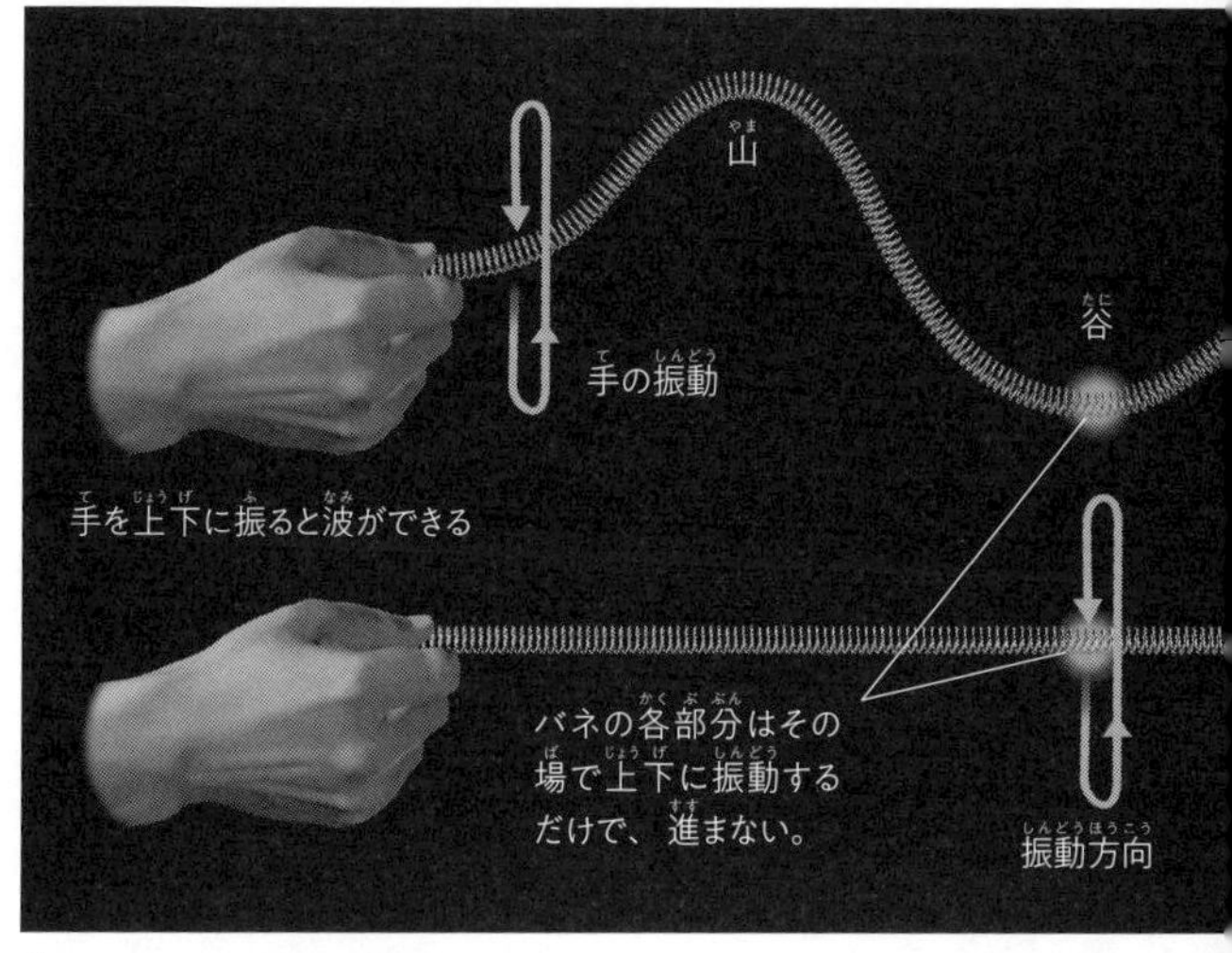

図2-2　バネを伝わる波

世紀の科学者、アイザック・ニュートンは、光の正体は粒子ではないかと考えました。しかし19世紀に入ると、光は波であるという考えが優勢になります。光が、「干渉」をおこすことが発見されたためです。

干渉とは波に特有の現象です。光＝波という考えを理解するには、まず波とはどういうものなのか理解しておく必要があるので、ここで改めて波についてくわしく説明しておきましょう。

ここに長いバネがあるとします。そのバネを上下に振ると、バネに山または谷ができて、進んでいきます。このように、山や谷の形が伝わっていく現象が波です（図2－2）。

バネの各部分は波とともに実際に進むわけではなく、波をつくった手と同じようにその場で振動します。このように波の進行方向と、振動方向が直角に交わる波を「横波」といいます。

このとき、山の高さ、または谷の深さを「振幅」、山一つと谷一つを合わせた長さを「波長」とよびます。これらは以後も出てきますので、覚えておいてください。

さてここで、バネの左右から二つの波をぶつけることを考えてみましょう。まずは、山と山をぶつけてみましょう。すると二つの波が完全に重なった瞬間に、波が強め合って、二つの波の高さを足した2倍の高さの波があらわれます（図2－3）。

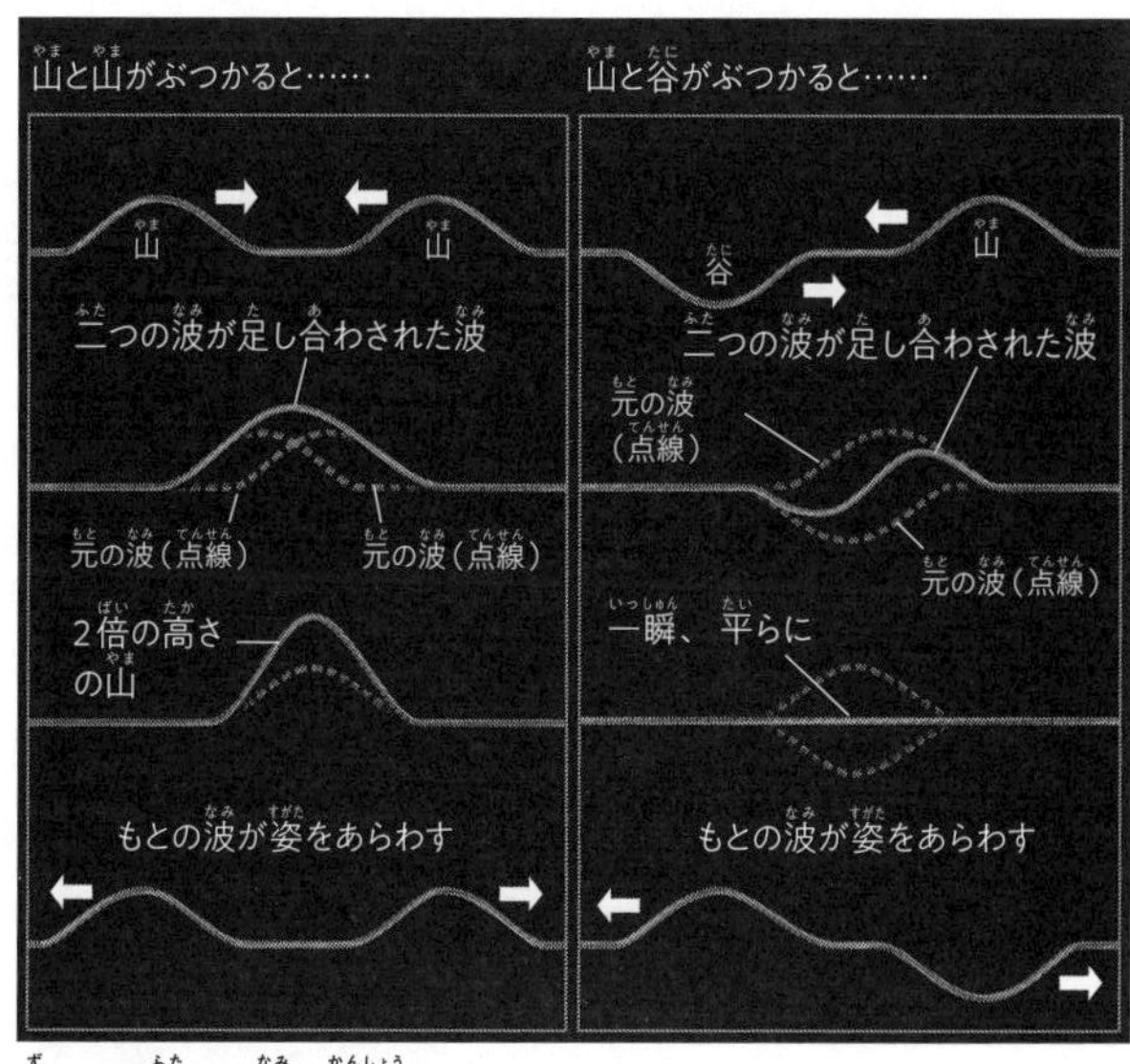

図2-3　二つの波の干渉

　では、山と谷をぶつけると、どうなるでしょうか。今度は、波が完全に重なった瞬間には、山と谷が弱め合って、二つの波の高さを引いて、バネは平らになります。

　どちらの場合も、二つの波がすれちがったあとには、もとの波がふたたび姿をあらわします。このように、二つの波が強め合ったり、弱め合ったりする現象を波の干渉とよびます。

干渉は水面の波でもおきます。また、音の正体も空気の振動が伝わる波なので、干渉がおきます。

たとえば野外コンサートで左右に置かれたスピーカーから出る音で干渉がおきる場合があります。すると、会場内で波が強め合って音が大きく聞こえる場所と、弱め合って小さく聞こえる場所が生じてしまいます。

光も強め合ったり、弱め合ったりする

さて、光=波だという話に戻りましょう。

光=波という見方を当時の科学者たちの間で決定的にしたのは、イギリスの物理学者、トーマス・ヤング(1773〜1829)です。彼は1807年に光の干渉

を確かめるために「二重スリットの実験」という有名な実験を行いました。

図2-4は、ヤングの実験をえがいたものです。ヤングは光源の先に一つのスリット（細いすき間）をあけた板と、二つのスリットをあけた板を置き、さらにその先に光を映しだすスクリーンを置きました。図では、波の山の頂上を白い色の線で示しています。

光が波であれば、最初のスリットを通過したあとに光は回折をおこして広がって進むでしょう。そして光の波は、次の二つのスリットで再び回折をおこすはずです。さらに二つ目のスリットの先では、スリットAを通過した波とスリットBを通過した波が干渉をおこしてスクリーンに届くでしょう。

実際にヤングの実験では、光が干渉したことによって、スクリーンには縞模様が映し出されました。縞の明るい部分は、波が強め合い光が明るくなることでつくられ、縞の暗い部分は波が弱め合い光が暗くなってつくられています。このように干

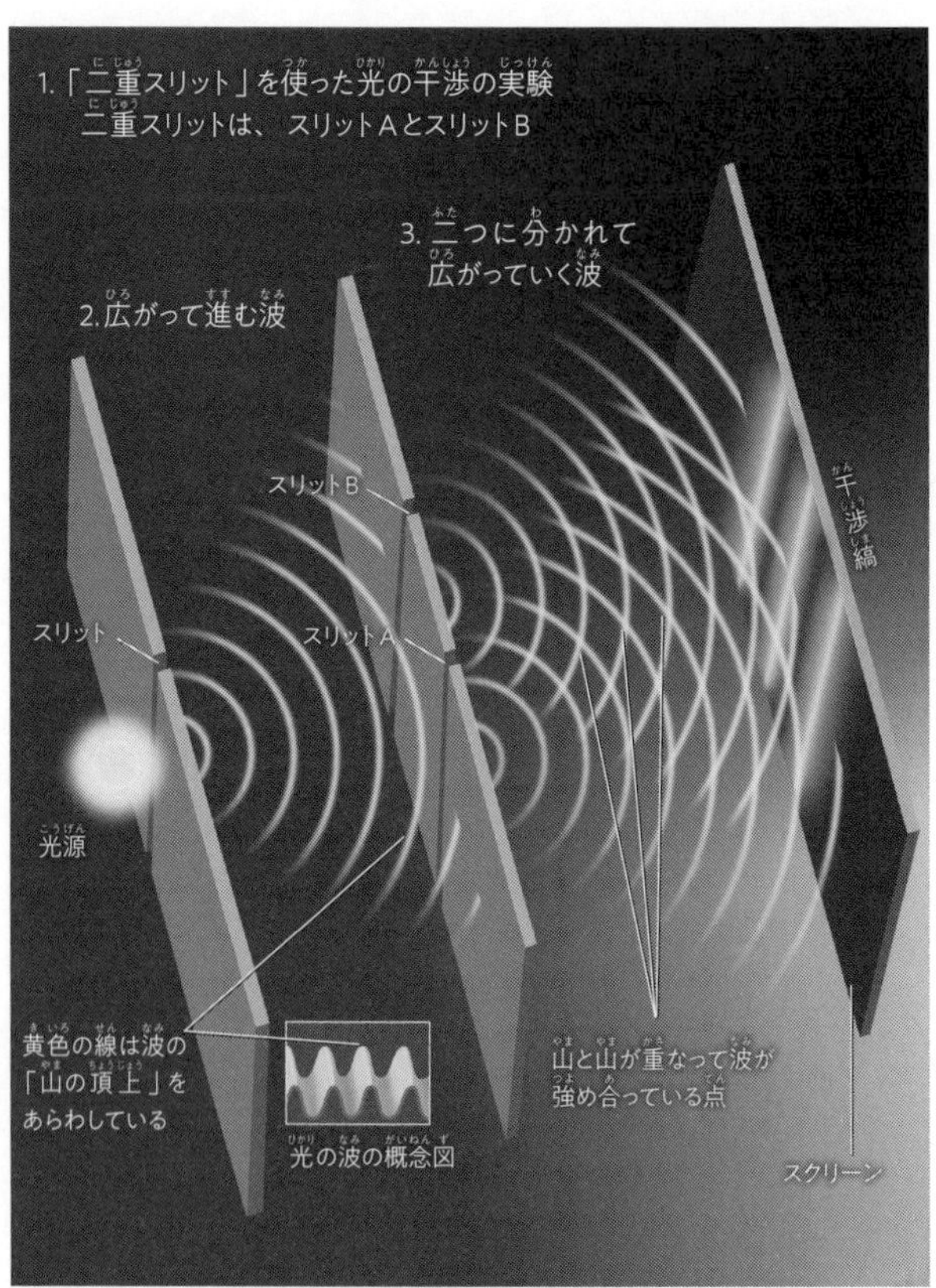
1.「二重スリット」を使った光の干渉の実験
二重スリットは、スリットAとスリットB
3. 二つに分かれて
広がっていく波
2.広がって進む波
スリットB
干渉縞
スリット
スリットA
光源
黄色の線は波の
「山の頂上」を
あらわしている
光の波の概念図
山と山が重なって波が
強め合っている点
スクリーン

図2-4　ヤングの実験

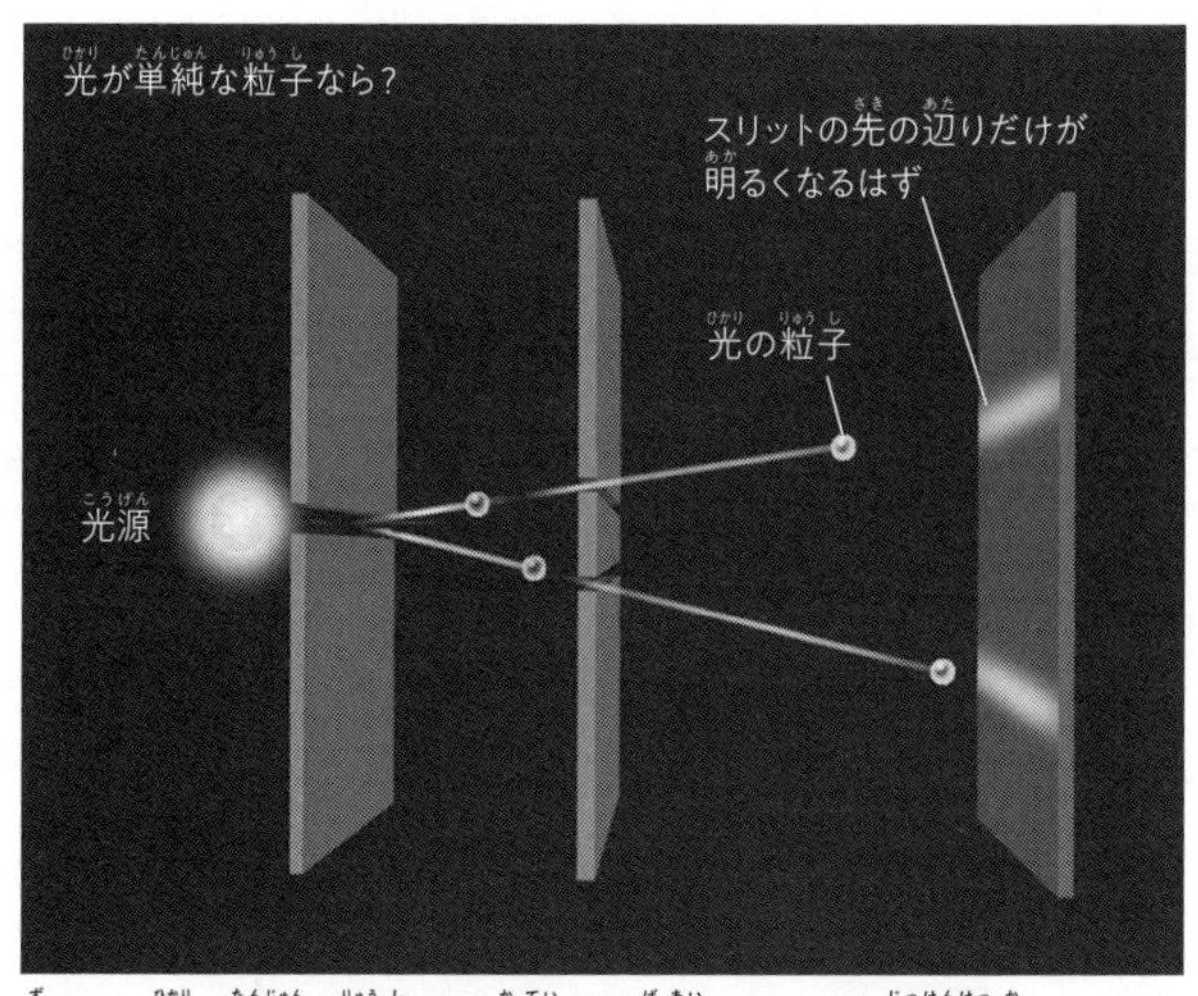

図2-5　光が単純な粒子だと仮定した場合のヤングの実験結果

渉によってつくられる縞模様を「干渉縞」といいます。

ヤングの実験で、スクリーンに干渉縞があらわれたことは、光が波の性質をもっていることの証だったわけです。

もし光が波ではなく単純な粒子だとしたら、光の粒子はスリットの先で回折をおこさず直進して、スクリーン上ではスリットのまっすぐ先の辺りだけが明るくなるでしょう（図2-5）。つまり、光が単純な粒子なら、ヤングの二重スリットの実験で現れた干渉縞はできないはずなのです。

光で干渉がおきることを明らかにしたヤングの実験が決め手の一つとなって、学界では光は波だという考えが主流となっていきました。

光の正体は電磁波だった

ヤングの実験ののち、光の正体が波であるという考えをさらに推し進めた人物がいます。それが、ジェームズ・マクスウェル（1831〜1879）です。マクスウェルは、光の正体が「電磁波」という波であることを明らかにしました。

電磁波とは、一言でいうと、電気（電場）と磁気（磁場）がつくる波です。電磁波について、少し説明しましょう。まず電場というのは、下敷きを髪の毛にこすりつけてもちあげると、髪の毛を逆立たせるような現象を引きおこすものです。プラスの電気とマイナスの電気は引き合います。

一方、磁場は、磁石のN極とS極の間で引き合う力を生みだすものです。電場と磁場はたがいに影響し合います。たとえば、電流を流した導線のまわりには、磁場が発生します。これを利用したのが電磁石です。導線をぐるぐる巻きにしたコイルに電流を流すと、強力な磁石になります。

そして磁場も電場を発生させます。コイルのまわりで磁場を変化させると、コイルに電流が流れるのです。これが、発電のしくみです。これらの例のように、電場（磁場）が時間変化すると磁場（電場）が発生します。

実は電気と磁気は本質的には同じもので、統一的に説明できるものでした。電気と磁気をまとめあげて電磁気学という理論をつくりあげたのが、マクスウェルです。

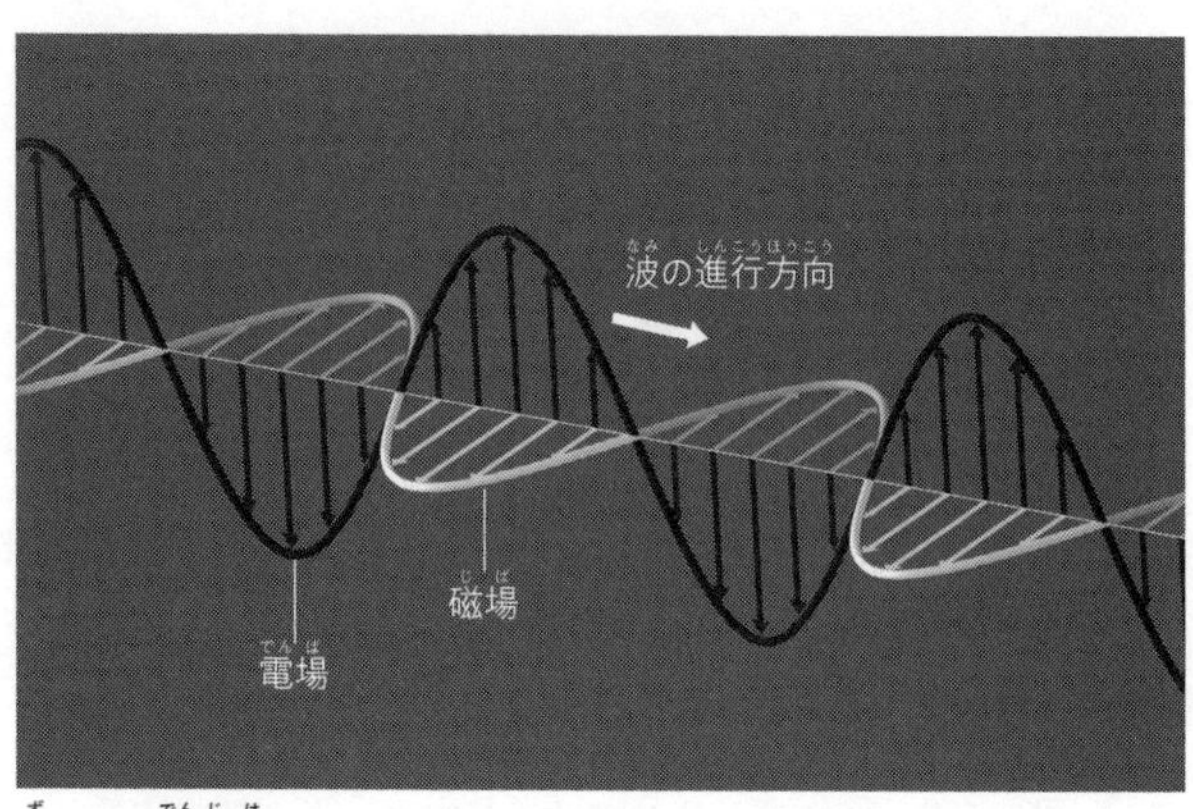

図2-6　電磁波

マクスウェルはさらに、電場と磁場が連鎖的に発生し、波のように進むことがあると考えました。向きが変化しながら電流が流れると、変化する磁場が生じます。すると今度は、その磁場によって電場が生じます。その結果、電場と磁場が連鎖的に生じることになります（図2－6）。このようにしてできる波をマクスウェルは電磁波と名づけました。この電磁波こそ、光の正体だったのです。

マクスウェルは、電磁波が進む速さを、波の速さを直接はかるのではなく、理論的な計算によって求めました。その結果、その値は、秒速約30万キロメートルとなりました。これは、当時実験で明らかになっていた光速の値とみごとに一致しました。このことから、電磁波と光が同じものであることが明らかになったのです。

このようにして、19世紀には光は波ということで一応の決着を見ました。

光の性質は、波長で決まる

ここで、波としての光の性質についておさえておきましょう。目に見える光を可視光線とよびますが、光は可視光線ばかりではありません。日焼けの原因となる紫外線や、電気ストーブから発せられて体をあたためる赤外線も、目には見えませんが、光の仲間です。

また、一般的にはあまり光とはよびませんが、レントゲンに使われるX線や放射線の一種であるガンマ線、電子レンジで物を温めるマイクロ波、そして携帯やテレビで使われる電波など、これらも電磁波なので、大きく見れば光の仲間といえるでしょう。

このような電磁波の種類は「波長」で決まります。波長とは、波の山から山の長さのことです。

電磁波を波長の短い順から並べると、ガンマ線、X線、紫外線、可視光線、赤外線、マイクロ波、電波となります。最も短いガンマ線の波長は、10ピコメートル以下です。一方、電波は約0・1ミリメートル以上の波長をもっています。同じ電磁波の仲間でも、その波長はまったくことなるのです。

また、目に見える可視光線の色のちがいも波長のちがいによります。波長の短い方から、紫、藍、青、緑、黄、橙、赤となります。

このように、可視光線の色をはじめとして、電磁波のさまざまな性質のちがいは、波の波長のちがいで説明がつくのです。

光のエネルギーはとびとびだった

19世紀の終わりごろ「光は波」ということで落ち着きをみせました。しかし、この時代に光についてある謎がもちあがりました。この謎が量子論を誕生させる大きなきっかけとなります。

当時は製鉄業がさかんとなり、よい品質の鉄をつくるために、溶鉱炉の中などの温度を正確にはかる必要がありました。そのときに使っていたのが光です。

物体はその温度に応じた色の光を放出する性質があります。溶鉱炉の場合、高温になった炉の壁で何度も反射した光が小窓から出てきます。光の色が赤色なら600℃程度、黄色なら1000℃程度、白色なら1300℃以上といったぐあいに、光の色から炉の中の温度が推定できたわけです。このような光を黒体放射、または空洞放射とよびます。

温度とそのとき放出される光の関係がどうなるのか、たくさんの実験がなされました。そして、さまざまな温度で、放出される光の強度を縦軸、波長を横軸にとると図2－7のようなグラフになることがわかりました。温度が高いほど、全体的に光の強度が高く、さらにグラフのピークは波長の短い側に移っていくのです。

さて、そんななか物理学者たちはある問題に行き当たりました。それは、この温度と黒体放射の法則性を理論的に説明できない、という問題です。すなわち、温度と光の波長をとったグラフをうまく数式であらわすことができなかったのです。

当時、黒体放射のグラフを説明する式には、「レイリー・ジーンズの式」と「ウィーンの式」がありました。しかし、前者の式は波長が長い領域では実験結果と合いますが、波長が短い領域ではうまく合いませんでした。後者の式は反対に、

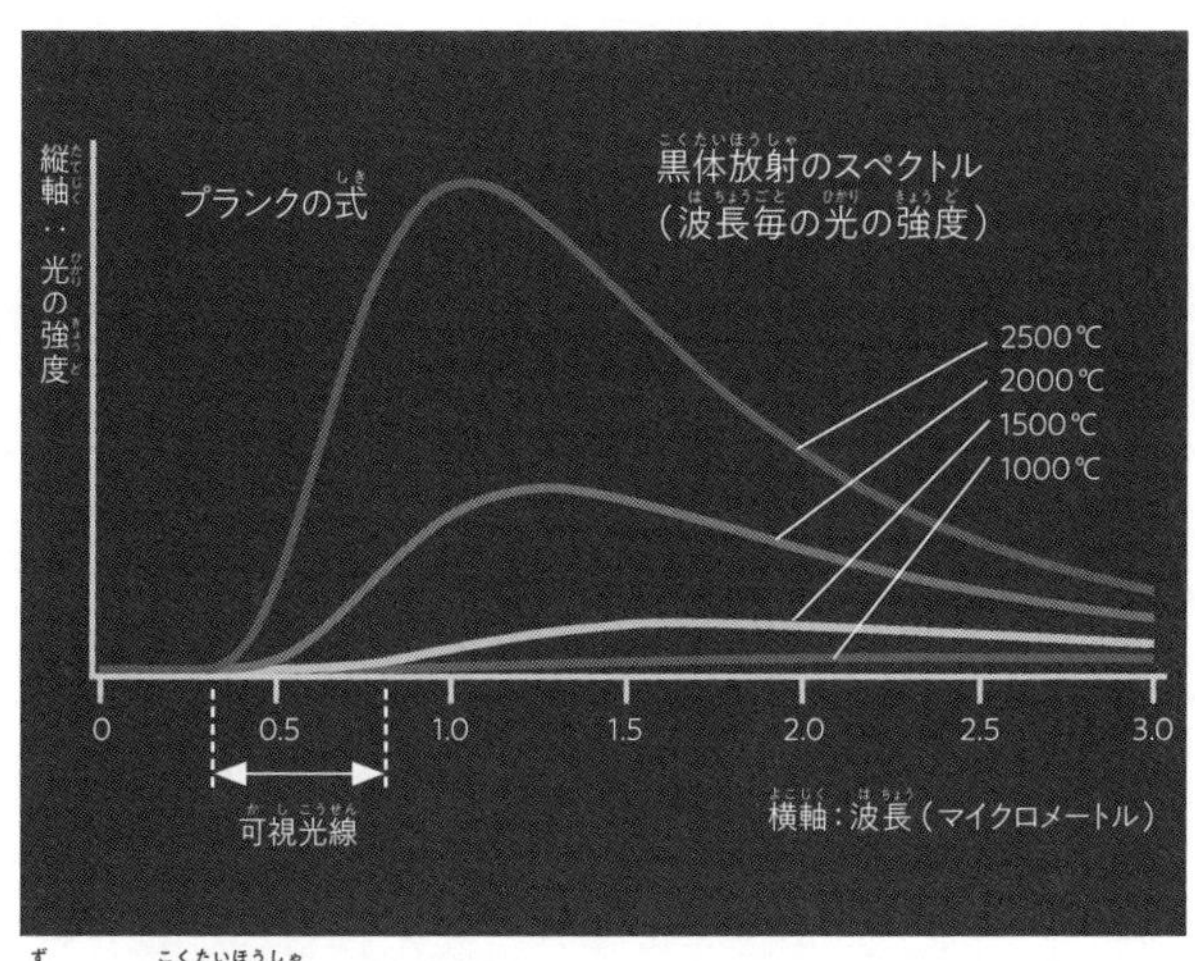

図2-7　黒体放射のスペクトル

波長が短い領域では実験結果と合いますが、波長が長い領域では合いませんでした。

多くの物理学者がこの難問に挑みました。そして最終的に、この問題に答えを出したのが、ドイツの物理学者、マックス・プランク（1858～1947）です。プランクは1900年、高温の物体から発せられる光の法則性について、実験結果と一致する数式を導き出しました。それが次の数式です。

$$I = \frac{2hc^2}{\lambda^5} \frac{1}{e^{\frac{hc}{\lambda kT}} - 1}$$

この式は、波長の長い領域でも、短い領域でも、ぴたりと実験結果と合いました。しかし、問題はここで終わりませんでした。なぜ、数式がこのような形になるのか、その理論的な意味づけが不明だったのです。この式の意味について、プランクは大いに思い悩みました。やがてプランクは、この式の意味を説明するには、「量子仮説」とよばれる革命的な考えを取り入れる必要があることに気づいたのです。

量子仮説とは何でしょうか。たとえば、水面に浮かんだボールを指で押して振動させると、水面に波が発生します。同じように、原子や分子が振動すると、そこから黒体放射の光が発生します。温度が高いほど、原子や分子の振動がはげしくなり、より強度が大きく、波長の短い光を出すわけです。プランクは「光を発する粒子の振動のエネルギーは、とびとびの不連続な値しかとれない」と考えました。これがプランクの量子仮説です。

もう少しくわしく説明しましょう。従来の物理学では、エネルギーは、連続的なものだと考えられていました。連続的とは、無限に小さく分割できるという意味です。しかし、プランクは、エネルギーは不連続的で、それ以上分割できない最小単位があると考えたのです。

図2－8を見てください。プランクの量子仮説を振動するバネ（光を発する原子・分子に相当）でたとえました。量子仮説では、最大時ののび幅が〇印のようになる振動だけがゆるされ、そこから少しでもずれると（×印）、そのような振動はゆるされない、ということになります。

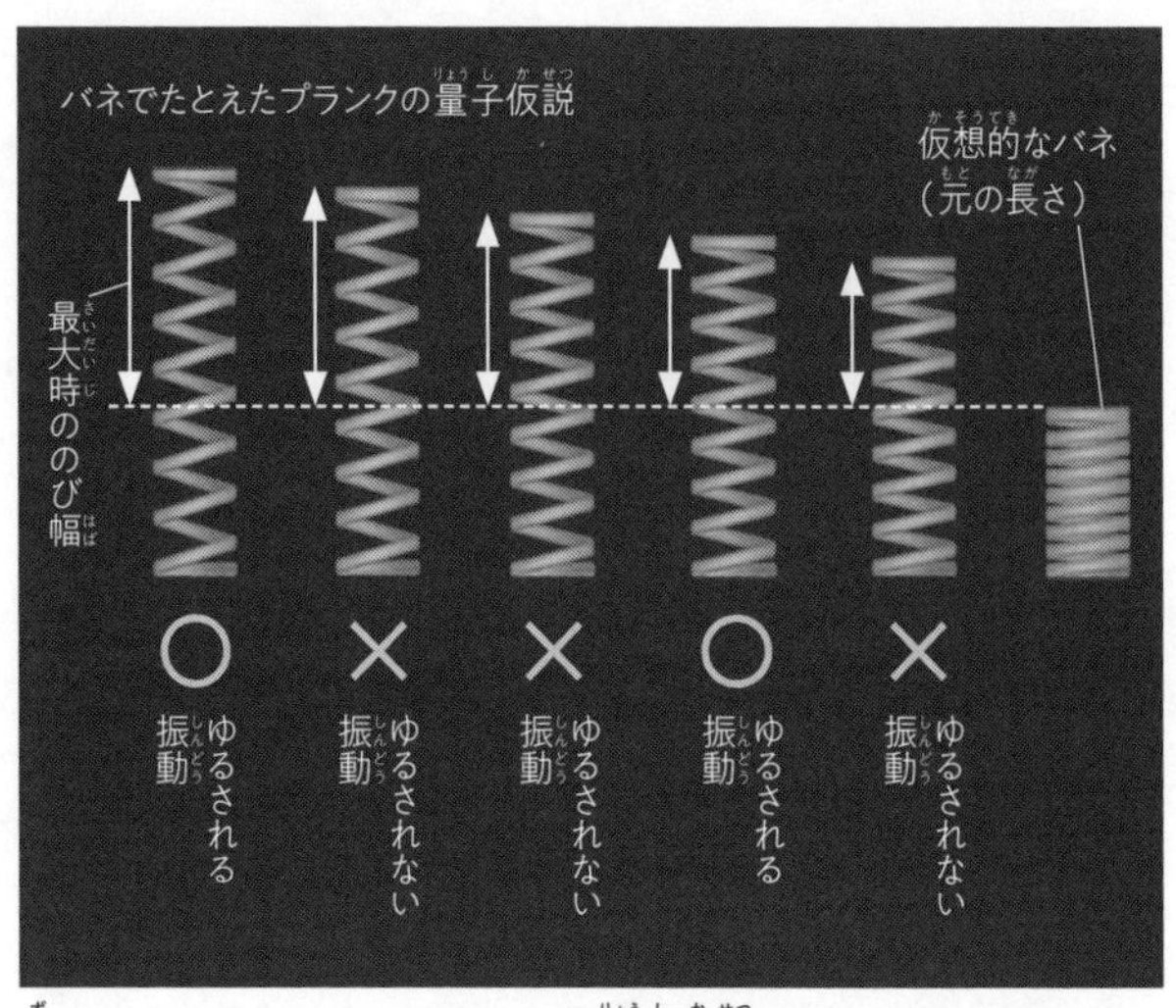

図2-8　バネでたとえるプランクの量子仮説

プランクの量子仮説によると、光を放射する粒子の振動数（1秒あたりの振動回数）をνとすると、振動のエネルギーは$h\nu$の整数倍しかゆるされないことになります。粒子は、2$h\nu$、3$h\nu$といったエネルギーをもつことはできますが、1.5$h\nu$や0.8$h\nu$といったエネルギーをもつことはできないわけです。つまり、粒子は$h\nu$というかたまりでしか、エネルギーをもてないということです。なお、h

というのはプランク定数とよばれる値で、約6.63×10^{-34}J・sです。

それまでの物理学では、自然界にある「量」というものすべては連続的に変化するものと考えられていました。でもプランクの考え方は、たとえば$h\nu$の0・5倍とか、3・6倍のような中途半端なエネルギーは「ありえない」ということになります。そもそも量子（英語でquantum）という言葉は、「一つ二つと数えられる小さなかたまり」という意味なのです。

光が波だとすると説明できない謎の現象

プランクの量子化説によると、原子や分子の振動のエネルギーは、いくらでもよいわけではなく、$h\nu$というかたまりでしか存在できないことになります。

このプランクの量子仮説をさらに発展させ、光＝波という常識をゆるがした人物がいます。電磁波を発見したマクスウェルが亡くなった年に生まれた、天才物理学者のアルバート・アインシュタイン(1879～1955)です。アインシュタインは、高温のものから発せられる光について独自に考察を重ねました。そして1905年に、光を発する粒子(原子・分子)の振動エネルギーがとびとび(不連続)だと考えたプランクとは、少しことなる結論に達しました。

アインシュタインは、エネルギーがとびとびなのは、光の方だと考えました。つまり、光がもつエネルギーにはそれ以上分割できない最小のかたまりがあるというのです。このかたまりを光子(または光量子)とよび、この仮説を「光量子仮説」といいます。これはすなわち、光は一つ二つと数えられる粒子のような性質をもつということでもあります。

当時は光は波であるという考え方が多数を占めていました。しかし、アインシュタインは、光の粒子に相当する光子という存在を考えることで、当時解き明かされていなかった「光電効果」という現象をきれいに説明してしまいました。光電効果というのは、「金属に光を当てると、金属中の電子が光からエネルギーをもらって外に飛びだす」という現象です。19世紀末ごろに発見されました。実際にこの光電効果を、金属板と2枚の金属箔からなる「箔検電器」という装置を使って説明しましょう。

図2－9に箔検電器を使った実験のイメージをえがきました。まず、箔検電器の上にある金属板に、静電気でマイナスの電気をあたえておきます。すると、ビンの中の箔にも電気が広がっていき、マイナスの電気どうしの反発力で箔が開きます。箔が開いた状態で、実験スタートです。ここに「波長の短い光」を当ててみます。すると、面白いことにビンの中の箔が閉じます。

この現象が光電効果によるものです。光を金属板に当てると、金属板から電子が飛び出してマイナスの電気を持ち去ってしまったのです。そのため、ビンの中の箔

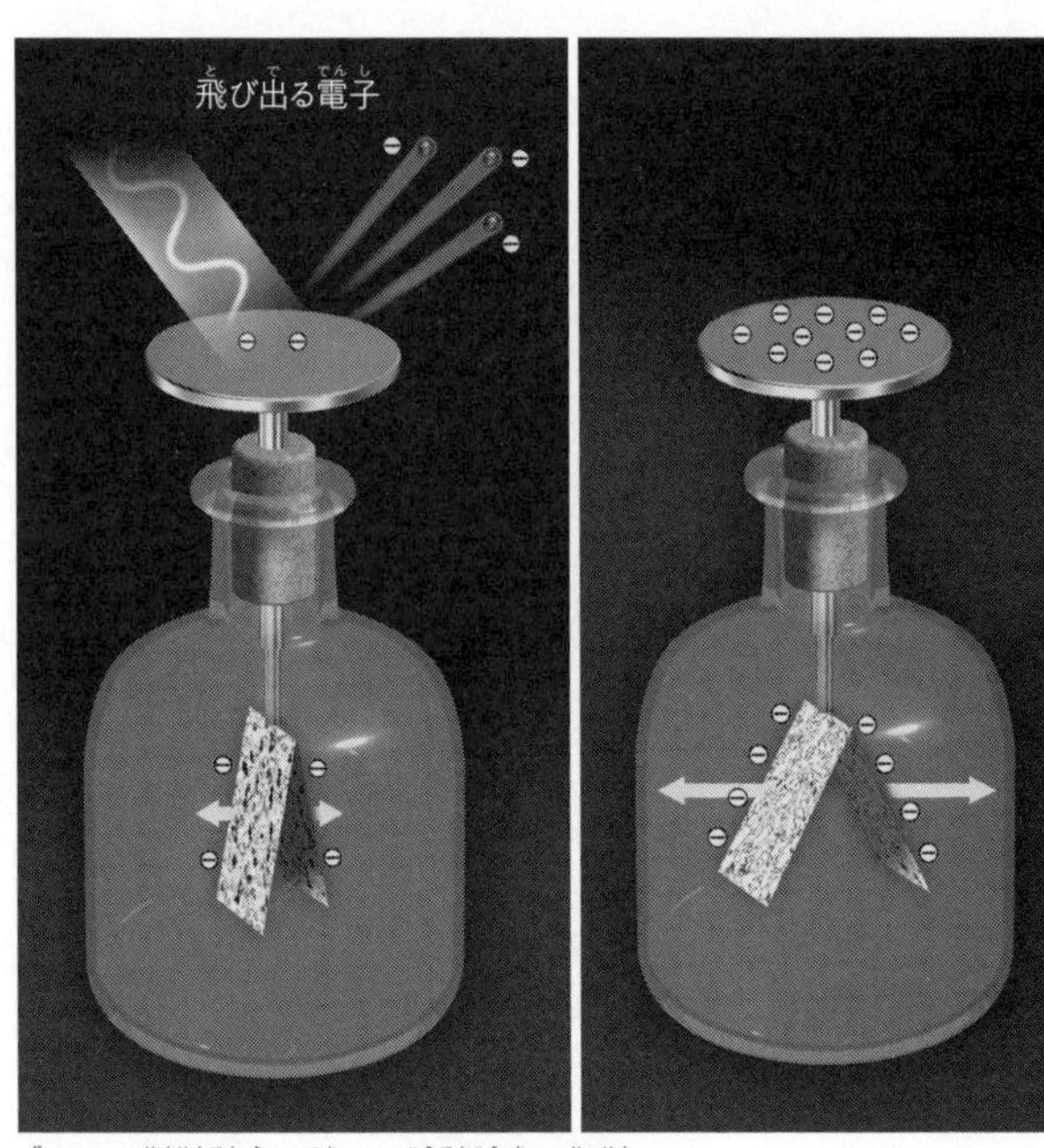

図2-9　箔検電器を使った光電効果の実験

の反発力が弱まり、開いていた箔が閉じるのです。このように、金属板から電子が飛び出す光電効果がおきたことは、箔検電器の開いた箔が閉じることで確認することができます。

さて、不思議なのはここからです。今度は、「波長の長い光」を当ててみます。すると、どれだけ明るい光を当てても先ほどとはちがい箔が閉じません。これはすなわち、長い波長の光を当てても、光電効果がおきずに、電子が飛び出さないことを意味します。

長い波長だといくら光を強くしても光電効果はおきず、短い波長だと弱い光でも光電効果がおきます。これは実に不思議で、光を単純な波だと考えるとこの結果を説明できませんでした。光を単なる波だと考えると、光の明るさは波の振幅に対応すると考えられます。明るい光は振幅が大きく、暗い光は振幅が小さいはずだということです。たとえ波長の長い光でも、振幅を大きくして光を明るくすれば、電子がもらうエネルギーが大きくなって金属から飛び出て、光電効果がおきそうです。逆に、箔検電器に当てる光を暗くする、つまり振幅を小さくすると、電子はエネルギーを十分にもらえなくなって飛び出さなくなり、たとえ波長の短い光でも、光電効果はおきなくなりそうです。

しかしこれは、実験結果とまったくちがいます。このように、光を単純な波と考えていては、光電効果をうまく説明できないのです。しかし、アインシュタインは光を光子の集合体と考えることで、この謎を解決しました。

光＝光子の集合だとすると、光の明るい、暗いは「光子の数」に対応します。明るいほど光子が多く、暗いほど光子が少ないのです。

さらに、光の波長が短いほど一つ一つの光子がもつエネルギーは高くなると考えられます。そのため、波長の短い光の光子がぶつかると、衝撃が強いので、たとえ数が少なくても（暗くても）金属板の中の電子をはじき飛ばすことができるのです。

一方、波長が長い光は一つ一つの光子のエネルギーが小さいと考えられます。そのため、たとえ数を多くしても（明るくしても）電子をはじき飛ばすだけの衝撃がなく、光電効果がおきないというわけです。

また、金属板に波長の短い光を照射すると、すぐに光電効果によって電子が出てくることも光が粒子の性質をもつことの証拠です。光が単なる波だとすると、まんべんなく広がって電子にぶつかるので、一つの電子が飛び出るのに必要なエネルギーを得るまでに時間がかかるはずです。しかし、粒子だとすると、1個の粒子（光子）が電子を叩き出してしまうので、光を照射するとすぐに電子が出てくると考えられます。

このように、光を光子の集合だと考えると、光電効果を矛盾なく説明することができました。

光は波？　それとも粒子？

アインシュタインの光量子仮説は、発表当時は反対意見が多かったものの、以後、光が粒子としての性質をもたないと説明ができない現象が多く見つかっていきました。

日常生活の中にも、光子（光の粒子性）を考えないと説明がつかない現象があります。たとえば、ごく弱い光しか眼に届かない夜空の遠い星などがすぐに見えるのも、光子でないと説明がつきません。

星が見えるには、眼の中の分子が光を受けて変化をおこす必要があります。光が単純な波で、まんべんなく広がって眼に届くとしましょう。分子の表面積は小さいので、眼の中の一つの分子が受け取れる光のエネルギーはごくわずかです。そのため、分子が変化をおこすだけのエネルギーをためるには、長い時間が必要です。つまり夜空を見上げて長い時間を待たないと星は見えないことになります。

一方、光がかたまり（光子）となって進んでいるならどうでしょう。眼の中には膨大な数の分子がありますから、その中のいくつかは光子とぶつかります。光子1

個のエネルギーが分子に変化をおこすのに十分であれば（可視光線であれば）、私たちは星の光を瞬時に見ることができます。光子を受け取っていない分子はたくさんありますが、光を受け取るのは一部の分子で良いわけです。

また、電気ストーブに長時間あたっても日焼けしないことも、光子でないと説明がつきません。電気ストーブから出るのは主に赤外線です。日焼けをおこすには、皮膚の分子に電磁波を当てて化学的な変化をおこす必要があります。波長の短い紫外線の光子なら、この反応をおこすのに十分なエネルギーをもっています。しかし、波長の長い赤外線の光子のエネルギーは、この反応をおこすのに十分ではありません。そのため、ストーブに長時間あたっても、日焼けはおきないのです。

「光は、それ以上分割できないエネルギーの最小単位のかたまり（光子）の集合体である」とする「光量子仮説」は、量子論の黎明期で最も重要な仮説の一つです。

ただし、光は単純な粒子でもありません。

この章の前半で紹介したトーマス・ヤングの二重スリットの実験を思い出してください。光が単なる粒子だとすると、スリットから直進してきた光子によって、スリットのまっすぐ先の辺りだけが明るくなるはずです。ですが実験では、回折と干渉という、波に特有な現象によって干渉縞ができました。光が単なる粒子なら、干渉縞はできません。

身近な例でいえば、シャボン玉がカラフルに見えるのも光が波としての性質をもち、干渉をおこしているからです。シャボン玉に光が当たると、一部の光は膜の表面で反射し、透過した光の一部は膜の底面で反射します。この二つの経路を進んだ光が合流するときに干渉をおこします。干渉によって強め合った色の光だけがとくに明るく見えるため、シャボン玉はカラフルに見えるのです。

結局、光とは、波の性質をもちながら、それでいて一つ二つと数えられる粒子（光子）としての性質をもつものだといえます。つまり、波と粒子の二面性をもつのが光なのです。マクロな世界では、粒子と波の性質を合わせもつような物体は通常存在しないので、頭の中でイメージすることは大変むずかしいですが、光子とはそのような不思議な存在なのです。

20世紀に明らかになってきた原子の姿

ここまで説明してきたように、量子論は光の正体の探求をきっかけとして幕を開けました。ここからは、原子や電子についての量子論の誕生について説明しましょう。原子はいったいどのような姿をしているのか、その疑問が量子論の発展につながりました。

空気や水、地球、そして生物など、すべての物質は原子という微小な粒子で構成されています。20世紀に活躍した物理学者、リチャード・ファインマン（1918

～1988）は、「もし今、大異変がおきて、科学的な知識がすべてなくなってしまい、たった一つの文章しか次の時代の生物に伝えられないとしたら、それは〝すべての物はアトム（原子）からできている〟ということだろう」とのべています。

原子はとても小さく、ふだんその存在を感じることはありません。平均的な原子の大きさは1000万分の1ミリメートルです。ゼロを並べてあらわすと、「0・0000001ミリメートル」です。

このように、原子1個1個はきわめて小さく、日常、目にする物体には、膨大な数の原子や分子が詰まっています。たとえば水は、水素原子2個と酸素原子1個でできた水分子がたくさん集まったものです。小さじ1杯の水に含まれる水分子の数は、なんとおよそ1.7×10^{23}個です。これは17億個の10億倍の、さらに10万倍という数です。途方もない数の分子が、わずかとも思える小さじの上に乗っかっているわけです。

実感することはむずかしいですが、「あらゆる物は原子でできている」という考え方は、19世紀末には科学者の間に定着していたようです。原子の存在を想定すると、さまざまな化学反応を解釈するのに都合がよかったのです。この時代は、原子こそが物質の「最小単位」であり、それ以上は分割のできない、究極の粒子だと思われていました。

しかし、やがて原子は物質の最小単位ではないことが明らかになっていきます。まず、1897年にイギリスの物理学者、ジョセフ・ジョン・トムソン（1856〜1940）が、原子には、マイナスの電気を帯びた粒子である「電子」が含まれていることを発見しました。原子にはさらに微小な構造が存在していたわけです。

トムソンによる電子の発見以来、原子の構造について多くの憶測が飛びかいました。原子はもともと電気的に中性だと考えられていました。ところが、原子の一部である電子はマイナスの電気を帯びていたわけですから、それを打ち消すプラスの電気がどこかにあるはずだ、と考えられたのです。プラスの電気がいったいどこにあるのか、それは大きな謎でした。

電子を発見したトムソンは、プラスの電気をもったかたまりの中に、ぽつぽつと電子が埋まった原子模型を考えました（図2－10）。電子はこのプラスの電気のかたまりの中で運動します。これはブドウパン・モデルとよばれます。

プラスの電気がどこにあるのか、この謎の答えを出したのは、イギリスの物理学者、アーネスト・ラザフォード（1871～1937）です。ラザフォードは、アルファ線という粒子を原子に向かって飛ばす実験を行うことで、プラスの電気の場所を突き止めたのです。

アルファ線とは、電子より約8000倍重い、プラスの電気を帯びた粒子です。アルファ線を原子にぶつける実験を行うと、電子よりはるかに重いアルファ線が、ごくまれに進路を曲げられたり、はね返されたりすることがわかりました。

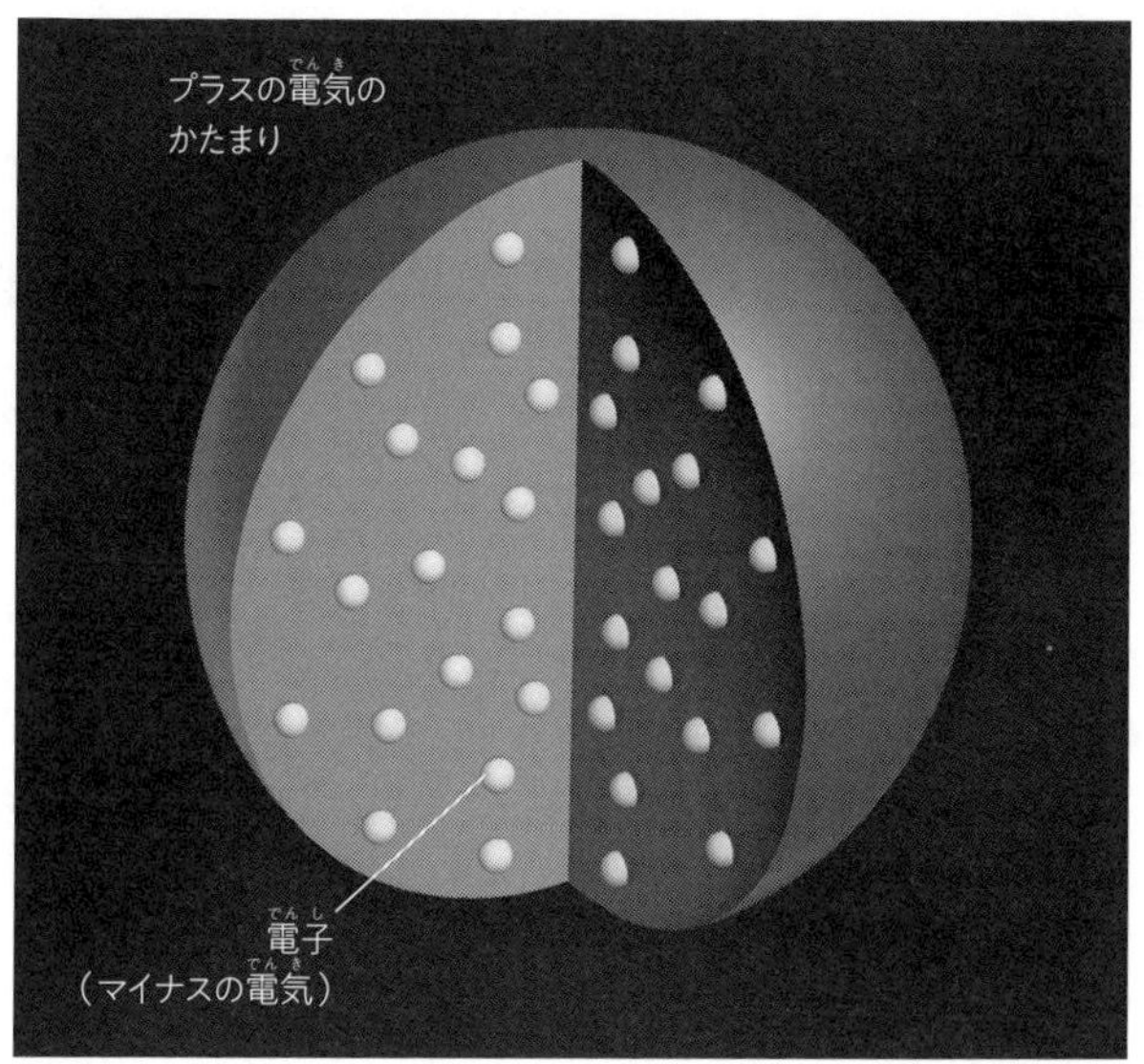

図2-10　ブドウパン・モデル

もし、ブドウパン型の原子模型のように、プラスの電気が原子全体にまんべんなく雲のように広がっているとしたら、アルファ線はあまり進路が変わらないはずでした。なぜなら、原子全体に広がるプラスの電気と、点在する電子のマイナスの電気が打ち消し合うので、プラスの電気をもつアルファ線は電気的な力をあ

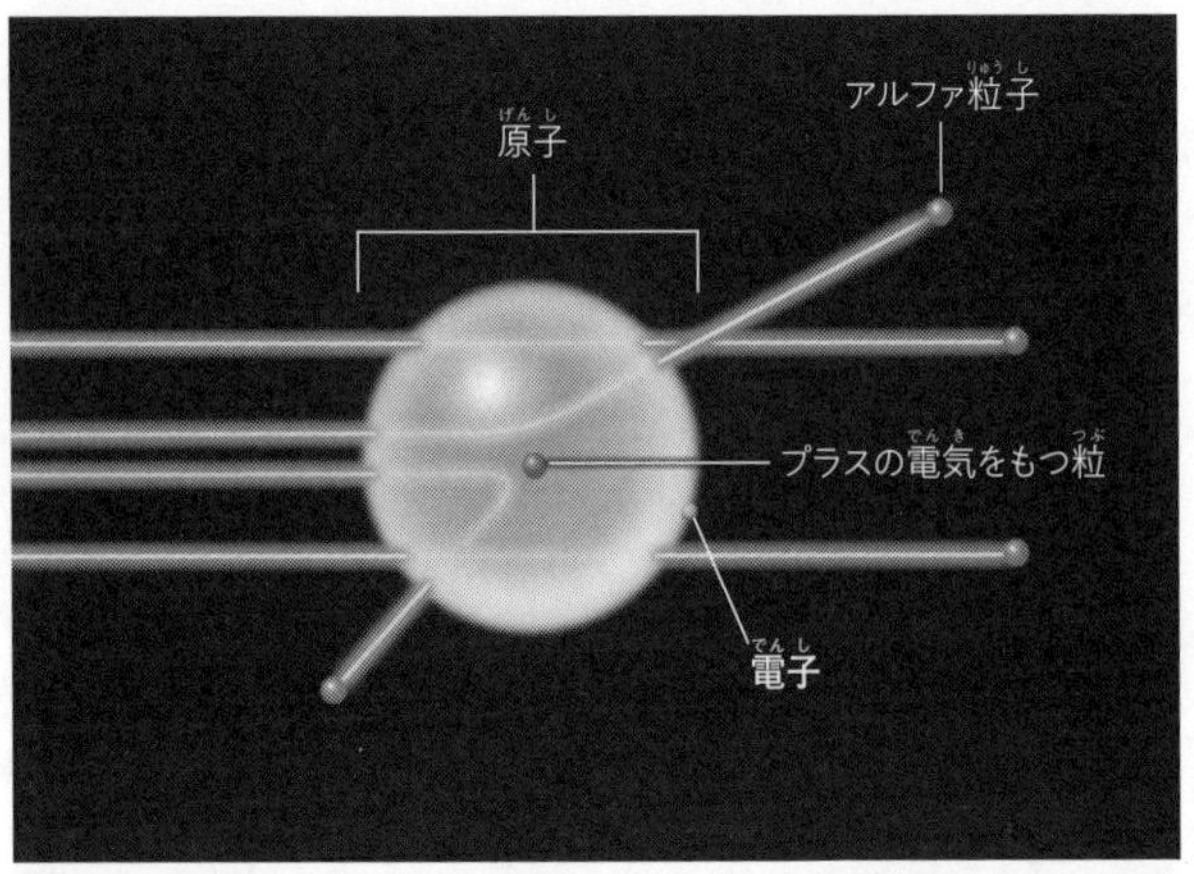

図2-11　原子核によって進路を変えられるアルファ線

まり受けずに通過するはずだからです。

しかし実験を行うと、アルファ粒子の多くが直進しましたが、大きく進路を曲げられた粒子も予想以上に多くありました。ほぼ真後ろにはね返ったものさえあったのです。

そこでラザフォードは1911年に、次のように考えました。「原子の中央のせまい領域にプラスの電気が集中していれば、強い電気力が生じるのでアルファ粒子ははね返される」。このプラスの電気のかたまりこそ、原子のもう一つの部品である原子核だったのです（図2－11）。この実験によって、ブドウパン・モデルは否定されました。

その後、さらに、原子核は正の電荷を帯びた陽子と、電気的に中性な中性子という2種類の粒子でできていることが、さまざまな実験から明らかになりました。このようにして、原子核の周囲を電子が飛びまわるという、原子の構造が明らかにされたのです（図2－12）。

電子も波の性質をもっていた

一見正しいかのように思えたラザフォードの原子モデルですが、実はある重大な問題をかかえていました。

電子は回転運動をすると、光を放出してエネルギーを失う性質があります。その

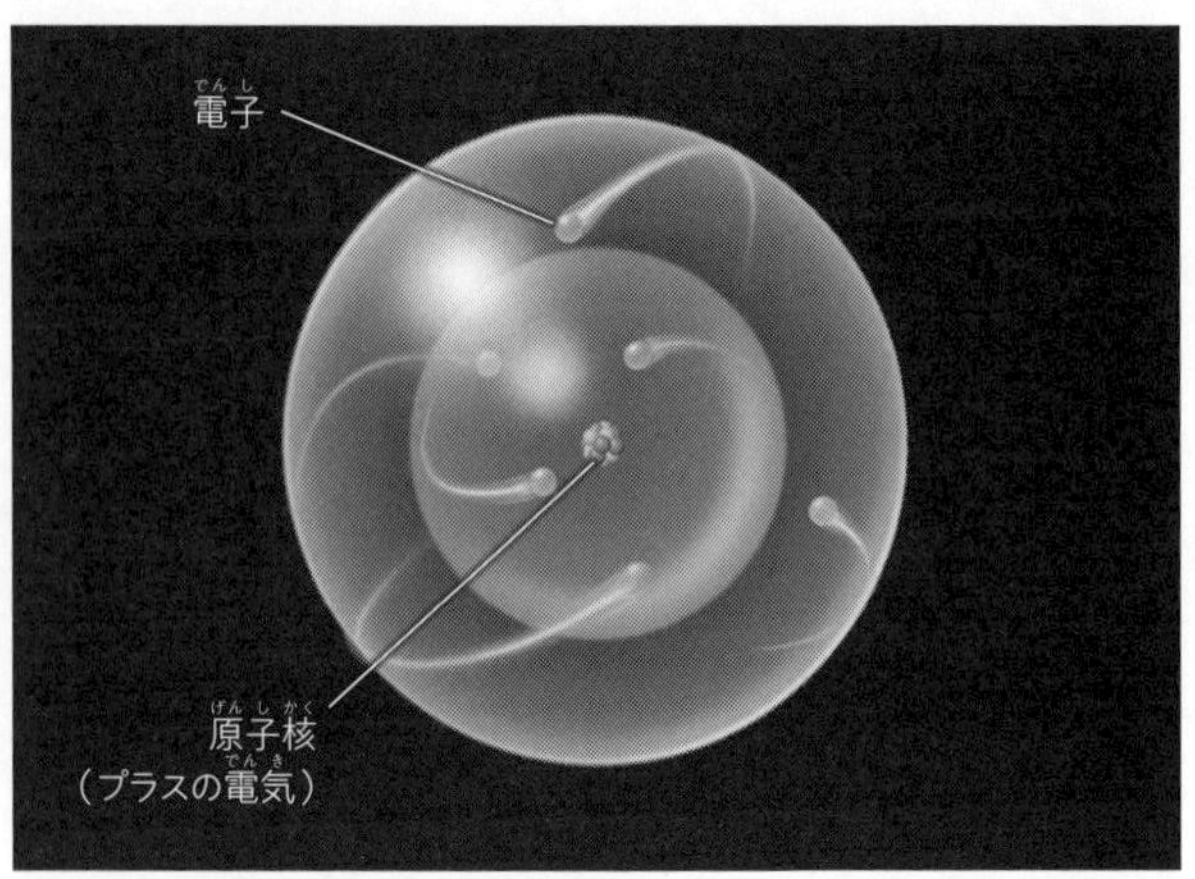

図2-12　現在よくえがかれる原子模型

ため、原子核のまわりを回転する電子は、エネルギーを失って、らせんをえがきながらプラスの電気をもつ原子核に落ちていくと考えられます。つまり、原子はその姿を保てないはずなのです。

しかし、実際には、普通の状態の原子は光を発していないですし、電子が中心に落ちこんで原子がこわれることもありません。いったいなぜ、原子はその構造を保つことができるのでしょうか。

この問題の解決につながる提案をしたのは、デンマークの物理学者、ニールス・ボーア（1885〜1962）と、フランスの物理学者、ルイ・ド・ブロイ（1892〜1987）です。

まず、1913年にボーアは、原子核をまわる電子は、特別な軌道にしか存在できず、さらにその特別な軌道に存在する電子は光を放出しない、と考えました。

さらに、原子の中の電子について、重要なアイデアを提案したのがド・ブロイです。ド・ブロイは1923年に、「電子などの物質粒子には、波の性質がある」と主張したのです。

ド・ブロイは、アインシュタインの光子の考えに影響を受けています。光はもともと波の性質をもつことが知られていましたが、粒子としての性質ももつことがわかりました。光は白と黒の二面をもつオセロのコマのようなものです。

そしてド・ブロイは、電子などの物質も、光と同じように波と粒子の二面性をもつと考えたのです。電子のようなミクロな物質が示す波を、物質波またはド・ブロイ波とよびます。

ただし、これは当時の常識に反していました。電子は単純な粒子だと考えられていたからです。電子が波の性質をもつといわれても、なかなか納得できないでしょう。たとえば、水面の波は、多数の水の分子が振動して波をつくっています。しかし電子の波は「電子が多数、集まって波になる」という意味ではありません。また「一つの電子が波打ちながら進む」という意味でもありません。ド・ブロイは、「一つの電子が波の性質をもつ」というのです。電子の波の意味については、第3章でくわしくお話ししますので、とりあえず先に進みましょう。

物質を構成する電子が、波の性質をもつというのは衝撃的です。なぜなら、波は本来、多数の粒子がつくる現象だからです。従来、物質を分割していくと最終的にはそれ以上分割できない「粒子」が出てくると考えられていました。しかし実際は予想に反し、「粒子と波の性質を合わせもつ奇妙なシロモノ」が出てきたのです。

電子が波の性質をもつと考えると、どのような原子の模型がえがけるのでしょうか。ド・ブロイとボーアによる量子論的な原子の模型を紹介しましょう（図2-13）。この模型では、電子を円形の軌道を伝わる、バイオリンの弦のような波として考えます。

この原子模型を理解するために、まず、バイオリンの弦を考えてみます（図2-14）。弦をはじくと波が生まれ、この波が空気を振動させて音が出ます。弦の両端は留め具で固定されて振動できないので、波の形は自由にはつくれません。特定のパターンになります。

バイオリンの弦の振動の中で、一番単純なのは、振幅が最大の点（腹）が一つの波です。そのほかには腹が二つの波、三つの波といったように、腹が「整数個」の波が考えられます。しかし腹の数が2・5個といった、中途半端な波はつくれま

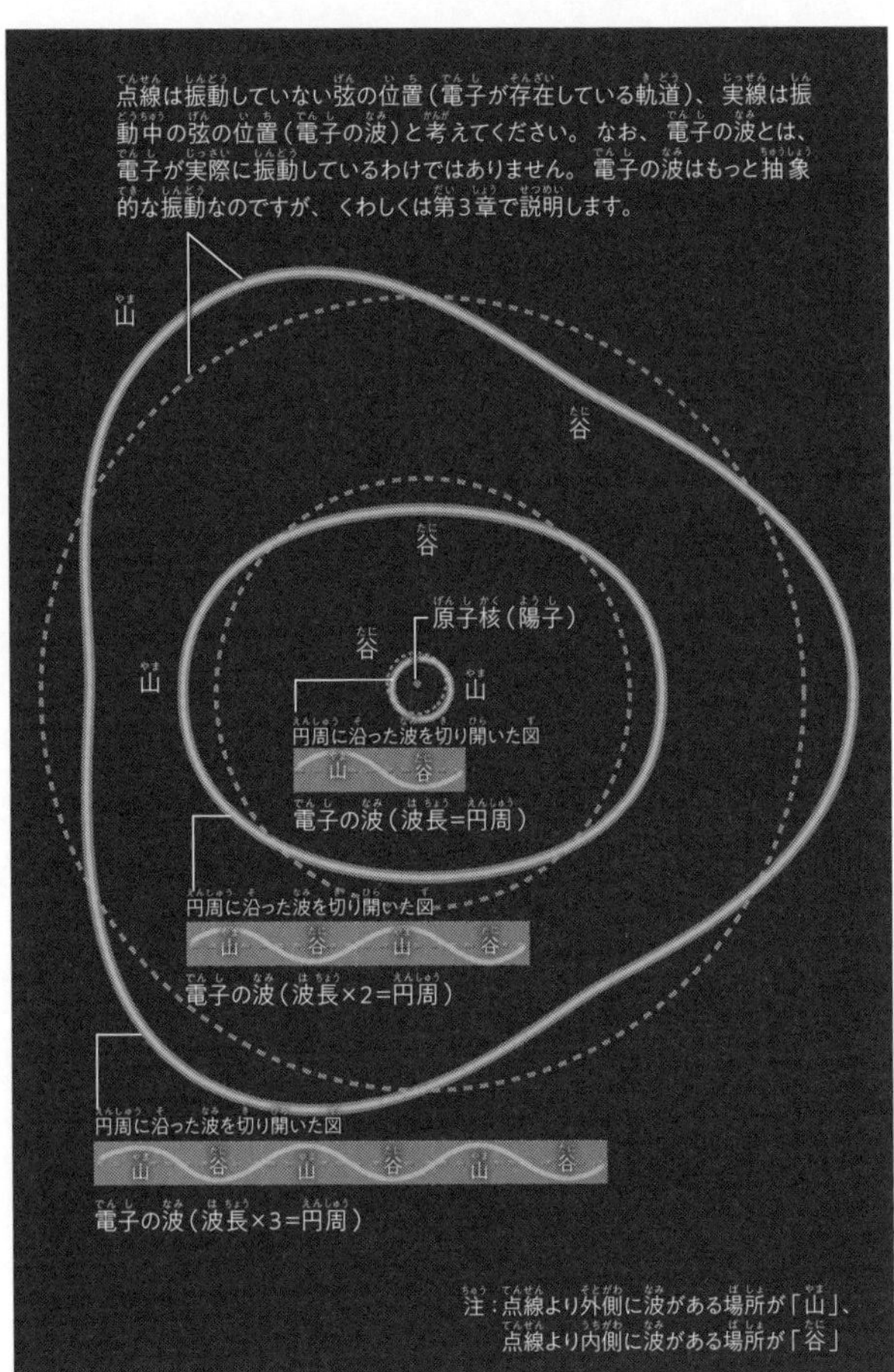

図2-13　量子論的な原子の模型と電子の軌道

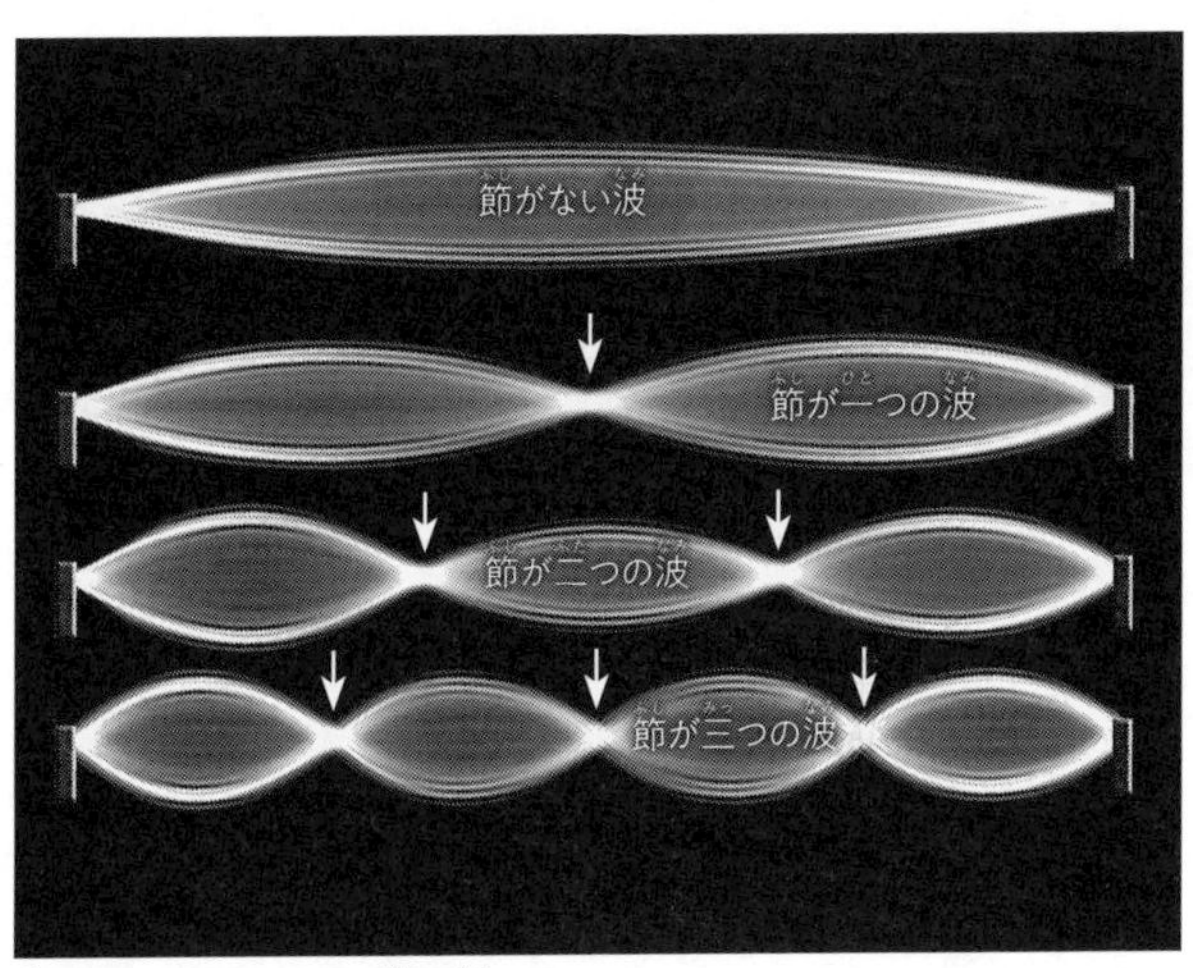

図2-14　バイオリンの弦の波

せん。

ここまでを頭に置いた上で、原子模型にもどりましょう。量子論的な原子模型における電子は、まるでバイオリンの弦のような性質をもつと考えます。つまり、電子の波が存在できる軌道は、「円周の長さが波長に一致する軌道」、「円周が波長二つ分に一致する軌道」、「円周が波長三つ分に一致する軌道」などです。つまり、「波長の整数倍が円周と一致する軌道」の上にしか電子の波は存在できないわけです。電子はどこにでも存在するわけではなく、電子の波長によって決まる、特定の軌道にしか存在できないのです。

電子が存在できる軌道はとびとびになります。電子が別の軌道に乗り移るには、軌道間をジャンプするしかありません。ラザフォードの原子模型の問題として指摘されていた「光を放出しつづけ、原子の中心に向けて落ちていく電子」のように、ある軌道から、らせんをえがきながら原子の中心に接近していくことは、ゆるされないのです。こうした量子論的な原子模型では、電子が連続的に光を放出しつづけて中心に接近していくことはありません。これでラザフォードの原子模型の欠点を克服できたことになります。

なお、先ほどの水素原子の模型は発展途上だったときの量子論をもとにしていて、厳密には正しい原子模型ではありません。ですが、電子を波として考えることで、さまざまな現象を説明することに成功した、歴史的に重要なモデルなのです。

電子は軌道間をジャンプする

さて、今説明したように、電子は軌道間をジャンプすることがあります。電子のジャンプは、原子による光の放出・吸収と深く関係しています。

ここで、ある高さからボールを落とすことを考えてみてください。ボールをはなす位置が高いほど、地面にぶつかるときのボールの速度は速くなります。これはつまり、高い位置のボールほどエネルギーが高いということです。原子も同じで、軌道が外にいくほど電子のもつエネルギーが高くなります。

電子はふつう、エネルギーが一番低い軌道にいます。これを基底状態とよびます。基底状態の電子は、外からやってきた光子を吸収することがあります。すると電子は、光子のエネルギーを吸収し、よりエネルギーの高い軌道にジャンプします。この状態を「励起状態」とよびます。

励起状態は、原子の一時的な興奮状態で、長くはつづきません。しばらくすると、電子は基底状態の軌道にもどります。そのとき、軌道のエネルギー差に相当するエネルギーをもつ光子を放出します（図2－15）。

電子が光子のエネルギーを吸収すると外側の軌道にジャンプして、さらに光子を放出することで元の軌道にもどってくるわけです。

ここで重要なのは、電子の軌道は決まっているので、軌道間のエネルギー差も決まっているという点です。つまり、原子（電子）ごとに吸収・放出する光のエネルギーも決まっていることになります。これは、原子は、軌道間のエネルギー差とちょうど同じエネルギーの光だけを吸収したり、放出したりする、ということを意味します。原子ごとに電子の軌道は変わりますから、原子の種類によって、放出・吸収する光はちがうことになります。

実際に水素ガスが吸収・放出する光を観測すると、この模型で予測される光のエ

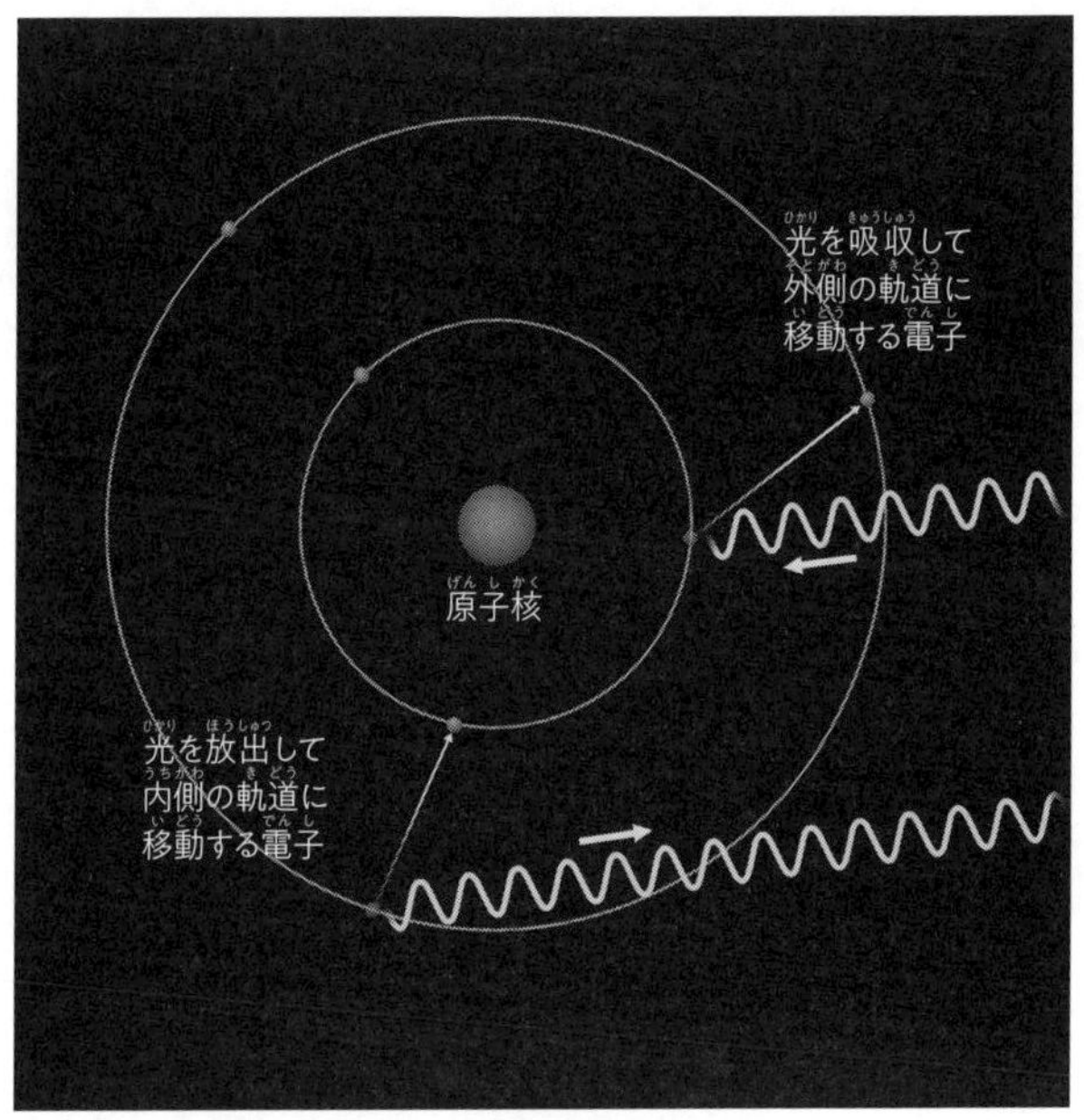

図2-15　光を吸収・放出して軌道間を移動する電子

ネルギー（波長、色）とピッタリ一致します。この事実は電子が波であることの有力な証拠とみなされました。

なお、先ほども説明しましたが、ここでえがいた模型は厳密には正しくありませんので、そこはご注意ください。実際には電子の軌道は3次元的に広がっています。

さて、この第2章で見たように、光と原子・電子の正体の探求から量子論は生まれてきました。次の第3章では、さらに量子論の核心にせまっていきましょう。

第3章

ミクロな物質は同時に複数の場所に存在する

第2章では量子論の基本的な原理の一つである「波と粒子の二面性」について説明してきました。ここでは、もう一つの量子論の重要事項である「状態の共存」について紹介しましょう。これまた私たちの常識から外れた、不思議な現象です。「波と粒子の二面性」と「状態の共存」が何をあらわしているのか、考えていきます。

ミクロな物質は〝分身〟する

量子論の理解のかぎをにぎる第2の重要項目は、「状態の共存」です。「状態の重ね合わせ」ともいいます。状態の共存は、波と粒子の二面性とともに、常識に反した、理解しにくい考えです。ここでもまずはざっくりとした雰囲気をつかんでもらえればと思います。

まず、箱に入った普通の野球ボールを考えましょう。箱のふたを閉じてゆらした後、真ん中に衝立をさしこみます。当たり前ですが、このときボールは衝立の右側か左側のどちらかにあるでしょう。手品であれば、消えてなくなるのでしょうが。さて次に、野球ボールのかわりに電子で考えます。電子が仮想的な小さな箱の中に入っています。電子は箱の中のどこにいるかはわかりません。そして先ほどと同じように、箱に衝立をさしこみます。さて、電子はどこにいるでしょうか。常識的に考えれば、電子は衝立で仕切られた左右の空間のどちらかに存在するはずです。しかし、電子サイズの量子論の世界ではちがいます。電子はなんと左右両方に、同時に存在しているのです(図3-1)。「一つの物体は、同じ時刻に複数の場所には存在できない」というのが常識的な考えですが、ミクロな世界ではこの考えが通用しません。量子論によると、一つの物体は同じ時刻に複数の場所に存在できるのです。これが量子論の二つ目の重要項目、状態の共存です。

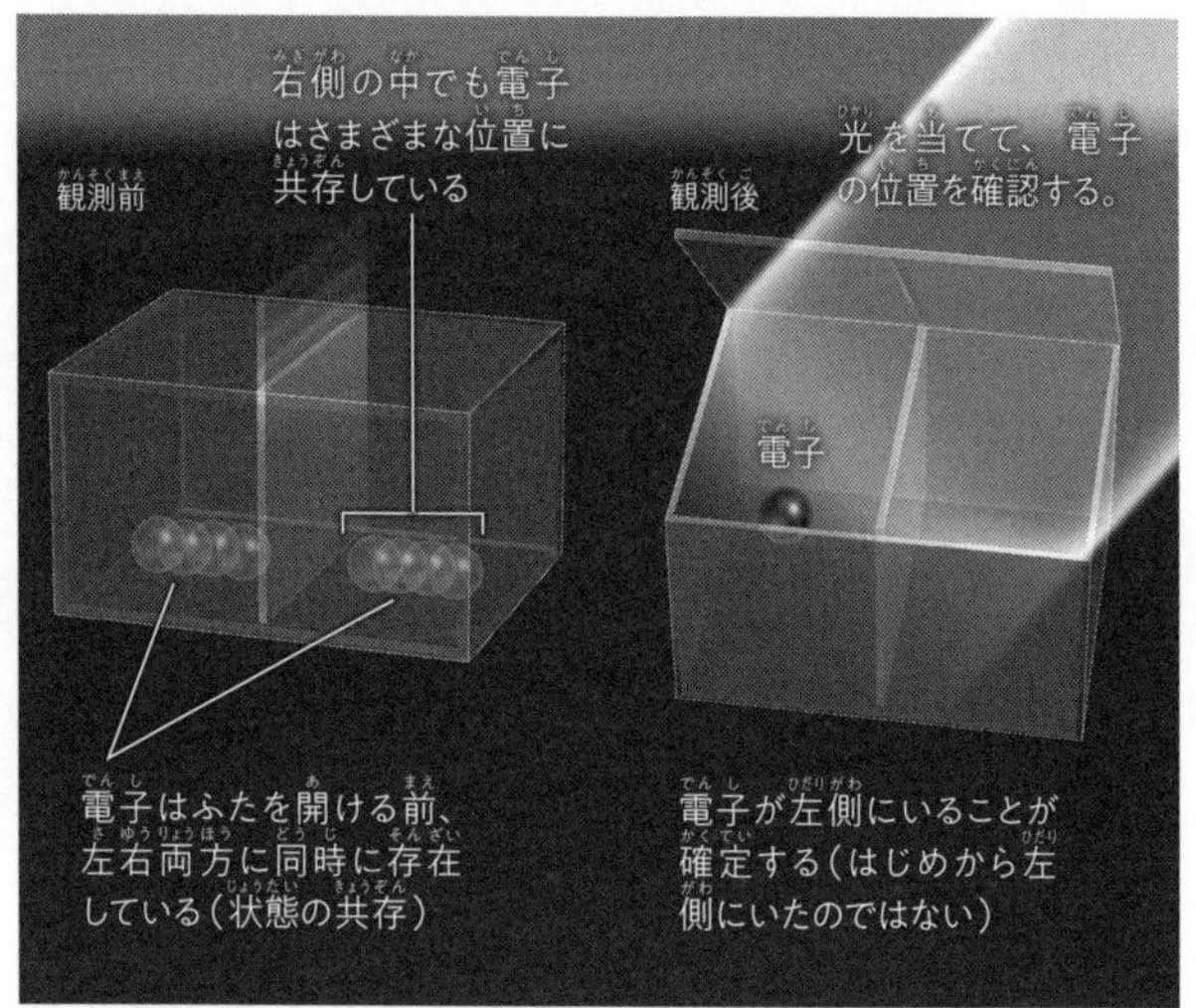

図3-1　電子の状態の共存

ただし、同時に存在するという表現には注意が必要です。電子がほんとうに複数にふえるわけではありません。ふたを開けて、電子がどこにあるかを観測すれば、電子がどちら側にいるかは確定します。電子はふたを開ける前には右にいる状態と左にいる状態が共存していますが、観測するとそのときにはじめて、どちらの状態であるか確定するのです。

このとき、どちらの状態が観測されるのかを確率的に予測することはできますが、確実な予測はできません。

観測後に箱の中の電子が左側にあることがわかったとしても、「もともと電子が左側にあった」ということにはならないのです。「左右両方に共存する状態」が、観測によって「左側に存在する状態」に変化するわけです。

何とも奇妙で納得がいかないかもしれません。しかし、そう考えないと説明できないミクロな現象が数多く存在するのです。量子論では常識を捨て、「物の存在」について根本から考え直す必要があるのです。

電子がえがく不思議な模様

ここで具体的に、電子の波と粒子の二面性と、状態の共存の両方を考えないと説明がつかない実験を紹介しましょう。

ヤングが光で行ったものと同様の「二重スリット実験」です。二重スリットの実験は、電子の波と粒子の二面性と、状態の共存の理解のかぎにもなります。

第2章では、ヤングが行った二重スリット実験で、光が干渉をおこして干渉縞があらわれることを説明しましたね。

今回の実験では光ではなく、電子を使います。まず、電子を発射する電子銃を用意します。金属の線に電流を流して熱すると、電子が飛び出します。その電子を電圧で加速して打ち出すのが電子銃です。

この電子銃の前の方に二つのスリット(切れ目)が入った板を置きます。その先には、写真フィルムや蛍光板などのスクリーンがあり、電子がぶつかるとその跡が記録されます。

さて、電子銃から電子を一つ打ち出してみます。すると、スクリーンには一つの点状の跡が残ります。この結果だけを見ると、電子は粒子のように見えます。

しかし、電子を何度も発射して実験をつづけると、面白いことがおきます。なんと、スクリーンには少しずつ縞模様ができて、十分な数の電子の発射を終えると明瞭な干渉縞があらわれるのです（図3－2）。

電子を一つ発射しただけだとスクリーンには一つの点の跡しか残りません。しかし電子の発射を繰り返すと、干渉縞があらわれます。この実験結果は、電子を単純な粒子と考えていては説明できません。もし、電子が単純な粒子だったら、スリットの先の近辺にだけ電子の跡が残るはずです。電子の発射を何度もくりかえすと、電子の波の性質が顔を出した、といえます。

あるときは粒子のように見え、あるときは波のように見える。しかし、単純な粒子でも単純な波でもない。電子（ミクロな粒子）とは、そういう摩訶不思議な存在なのです。

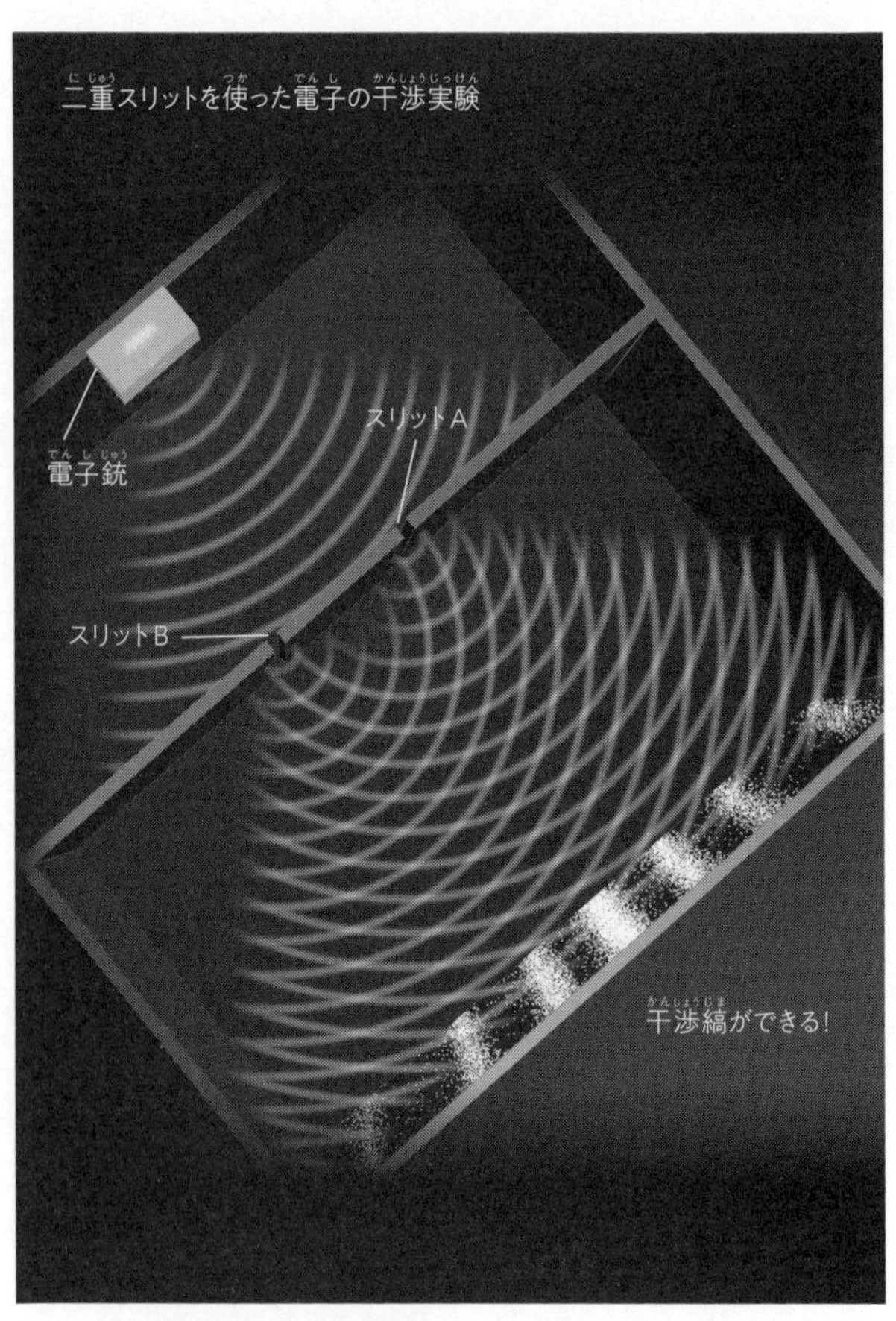

図3-2　電子の二重スリット実験

電子の波は電子の発見確率をあらわす

　では、電子の波とはいったいどういうことなのでしょうか。電子の波といいますが、何か物質が実際に振動しているわけではありません。

　量子論では、電子の波は電子の「発見確率」と関係していると考えます。このような考え方を「確率解釈」といいます。確率解釈は、ドイツ（のちにイギリスに移住）の物理学者、マックス・ボルン（1882〜1970）によって、1926年に提案されました。

　通常は、電子は波として広がって存在していると考えます。しかし、この電子を観測すると、とたんに波の性質が失われて、粒子としての電子が姿をあらわします。それまで広がっていた電子の位置が、1点に定まるのです。このとき、どこで発見されるかは、観測されるまではわかりません。

しかし、まったく同じ状態の電子をたくさん使って、電子の位置の観測を何回もくりかえすと、電子がどの位置にどのくらいの確率で発見されるかがわかってきます。これを電子の（各位置での）発見確率とよびます。この電子の発見確率が、電子の波の振幅が高い場所ほど高くなるのです。山の頂点で電子が見つかる可能性が最も高く、高さゼロの場所で電子が見つかる可能性はゼロです。谷の底でも山の頂点と同じく発見確率が高くなります（図3－3）。

一息で説明したので、少しむずかしかったかもしれません。ここまでを踏まえて改めて、先ほどの電子の二重スリットの実験を考えてみましょう。電子の干渉縞があらわれた実験では何がおきていたのでしょうか。

もう一度、図3－2を見てください。まず、電子を一つ打ち出すと、電子は波としてスリットに向かって進みます。そして、電子の波はスリットAとスリットBの「両方」を通過します。こうして、スリットAを通過した波とスリットBを通過し

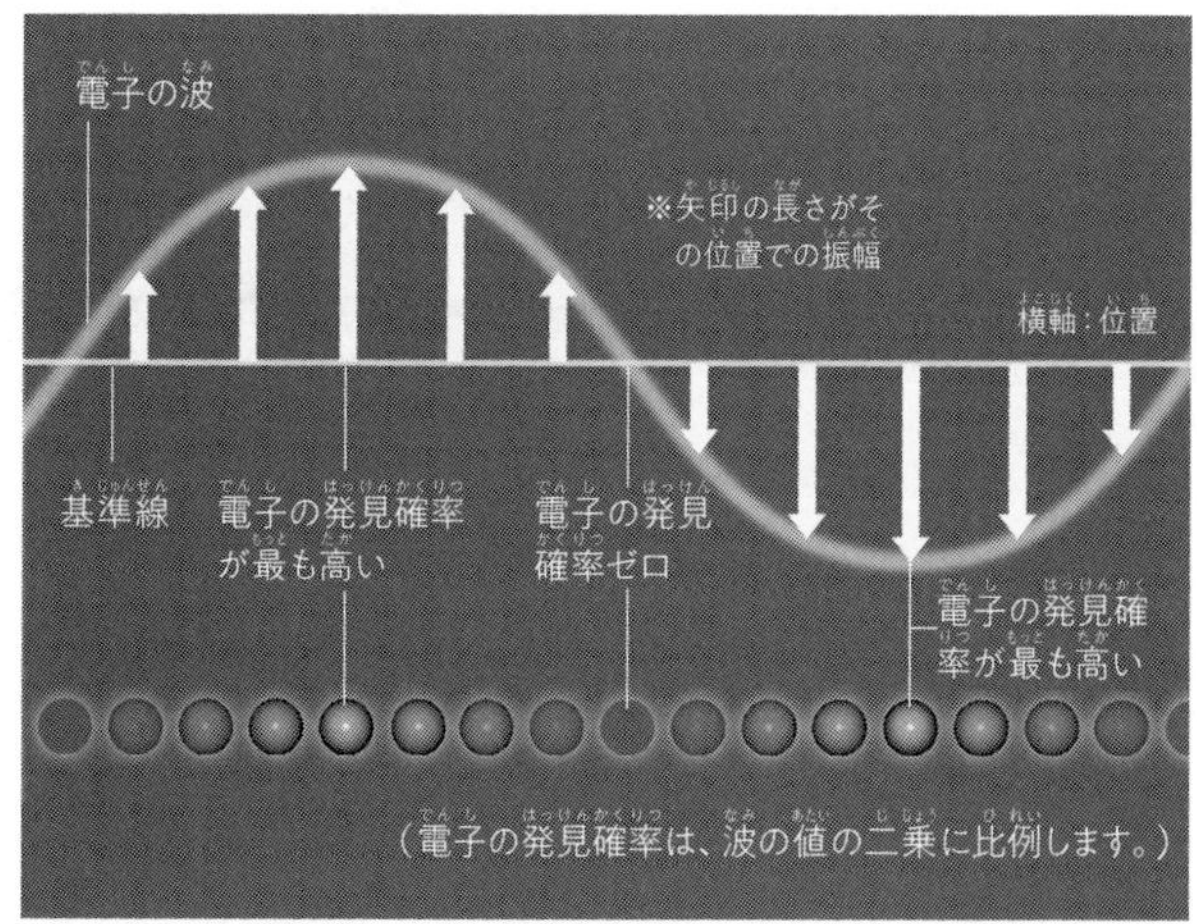

図3-3　電子の波は電子の発見確率と関係している

た波は、干渉しながらスクリーンに到達します。干渉というのは、複数の波が強め合ったり、弱め合ったりする現象のことでしたね。

干渉によって電子の波が強め合っているスクリーン上の点では、振幅が大きくなり、電子の発見確率が高くなります。一方、干渉によって波が弱め合っている点では、振幅が小さくなり、電子の発見確率は低くなります。完全に振幅0の点では、電子の発見確率は0です。

このように、たとえ一つの電子を打ち出したとしても、スリットAを通過した電子の波と、スリットBを通過した電子の波が干渉することによって、スクリーン上で、電子の発見確率が高い場所と低い場所ができるわけです。

「一つの電子を打ち出して、電子の波がスクリーンに達すると、スクリーン上のどこか1点に電子の到達した跡が残ります。電子銃からその後も電子を発射しつづけると、波が強め合って発見確率が高くなった場所には多くの電子が到達し、波が弱め合って発見確率が低くなった場所には電子があまり到達しません。こうして多数の電子を発射すると干渉縞があらわれるのです（図3－4）。

この実験では、電子を1個だけ発射した場合、スクリーンのどこに到達するかは事前に予測できません。量子論によると、「電子は10％の確率でここにあらわれる」というように、波の振幅を計算して発見確率を知ることはできますが、「ここに確実にあらわれる」といった予測は原理的に不可能なのです。電子の運動の未来は偶

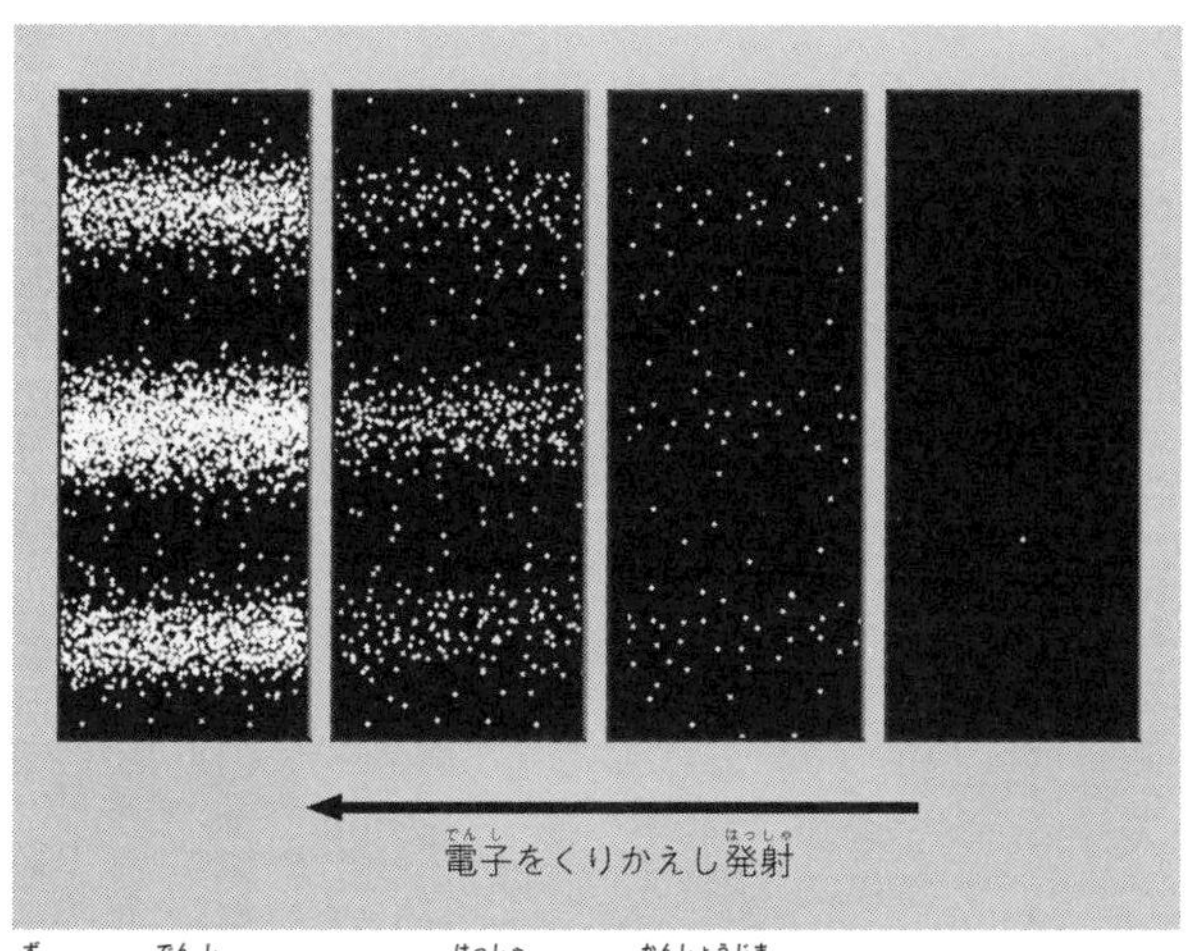

図3-4　電子をくりかえし発射すると干渉縞があらわれる

然に支配されており、正確に予測することは不可能だといえます。

電子は観測されると波から粒子になる

電子が波なら、1個の電子を打ち出したときに、なぜスクリーン上には、1点にしか跡が残らないのでしょうか。波として広がった状態でスクリーンに到達するわけなので、ぼんやりと跡が残ってもよさそうに思いませんか。電子が波ならば、電子はスクリーン上のどこででも発見される可能性があったわけですから、不思議ですよね。

実は量子論によると、ミクロな物質は観測されると波の性質を失って、粒子として姿をあらわすと考えます。先ほどの実験でも、スクリーンに達する前には、電子は波としての性質をもち、位置を1点に定めることはできませんでした。しかし、スクリーンに達した瞬間、電子は波としての性質を失い、粒子としての電子が姿をあらわしたと考えられるわけです（図3-5）。

このような考え方は、コペンハーゲンで活躍するボーアらに支持されたので「コペンハーゲン解釈」とよばれます。コペンハーゲン解釈は、現在の量子論において標準的な解釈となっています。

コペンハーゲン解釈では、「ミクロの電子は、マクロな物体と相互作用すると波としての性質を失う」と考えます。

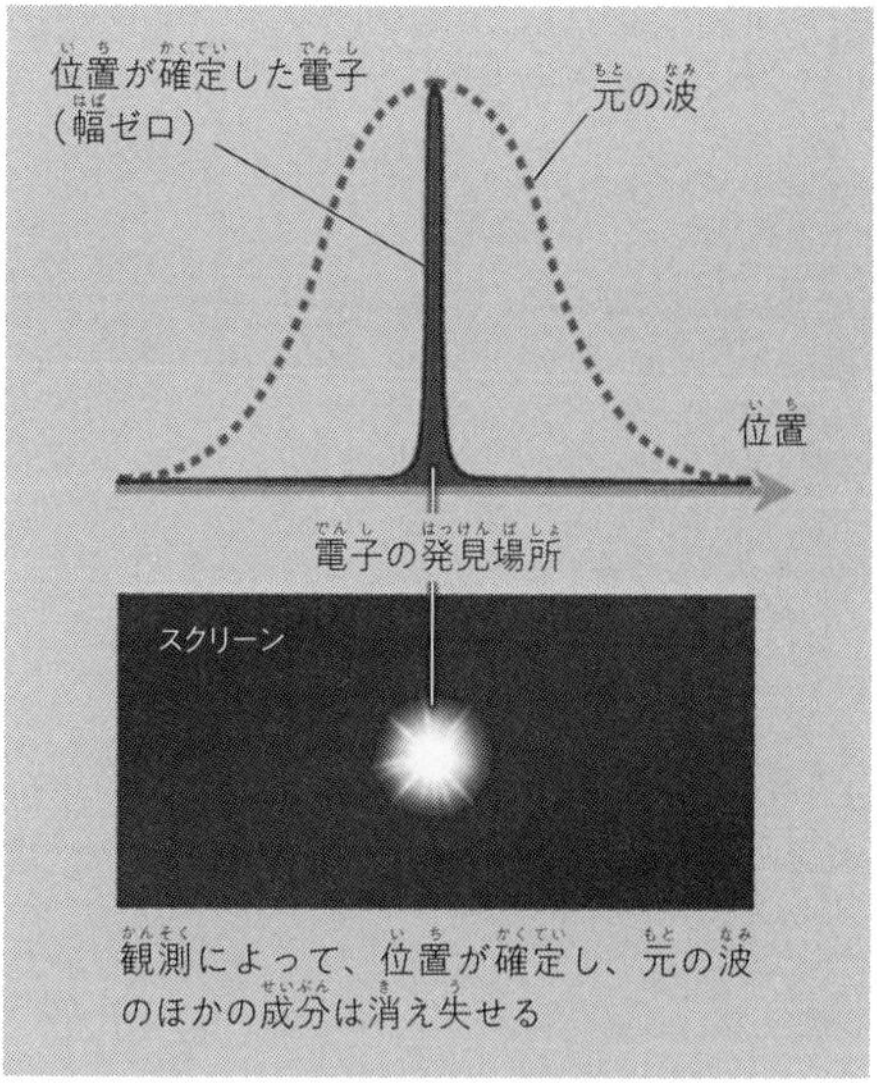

図3-5　観測すると電子の波の性質は失われる

電子の二重スリットの実験でも、電子がぶつかるスクリーンは、電子にとって比較にならないくらい大きな物体といえます。そのため、スクリーンにぶつかるときに、電子の波としての性質が失われ、位置が1点に定まるのです。

さて、ここまで見てきたように、量子論では、一つの電子のふるまいについては確率的にしか予測できません。ですが、膨大な数の電子に対しては正確な予測ができます。つまり量子論は電子や原子などの集団を扱うぶんには、非常に正確で実用的な予測ができるのです。

一つの電子は、二つの通路を同時に通過できる

先ほどの二重スリットの実験を、さらに別の側面から考えてみましょう。状態の共存について考えてみます。電子の二重スリット実験で生じた干渉縞は、状態の共存を考えないと説明がつきません。

二重スリット実験であらわれた干渉縞は、スリットAを通過した電子の波と、スリットBを通過した電子の波が干渉をおこすことではじめて生じます。つまり、一つの電子は電子銃から発射されたあと、スリットAとスリットBの両方を通過していたわけです。たとえるなら、一人の人が、二つの部屋の間にある二つの扉の両方を通って、となりの部屋に移動するようなものです。

これは単に電子が分裂していたわけではありません。電子一つを発射したとき、スクリーンに残るのは一つの点状の跡だけで、二つの跡はできません。これは電子が二つに分裂したわけではない証拠です。

ここで一つ面白い実験をやってみましょう。電子がどちらのスリットを通っているかを観測装置で確認しながら、同じ実験を行ってみるのです。図3-6のように、スリットAとスリットBのそばに、電子が通過したときにそれを検出する観測装置をつけて電子を発射してみます。電子は観測装置にどのように検出されるでしょうか。そして、スクリーンにはどのような分布があらわれるでしょうか。先ほどの実験とほぼ同じ設定ですから、両方のスリットの観測装置で電子が観測されて、スクリーンには相変わらず干渉縞ができると思いませんか。

実際には、この予測は外れです。なんと、スリットAとスリットBのそばに観測装置をつけると、どちらか一方の観測装置でしか電子は検出されません。そして、干渉縞はあらわれないのです（図3－6）。いったいなぜでしょうか。この結果をコペンハーゲン解釈にもとづいて考えてみましょう。たとえば、スリットBの観測装置で電子が検出された場合、電子の波の性質は観測によって消失し、粒子として姿をあらわします。スリット板の直前まで、電子はスリットAのあたりにも広がっていましたが、観測によって波の性質を失い、位置が1点に定まったのです。その結果、スリットAを通過するはずだった電子は消え失せたことになります。つまり、電子はスリットBだけを通過したことになります。干渉縞があらわれるためには、スリットAを通った波とスリットBを通った波の両方が必要です。ですからこの場合、干渉縞がおきないのです。

スクリーンにできる電子の分布は、あくまでスリットAをふさいだときの電子の分布と、スリットBをふさいだときの電子の分布を単純に足したものと同じになります。

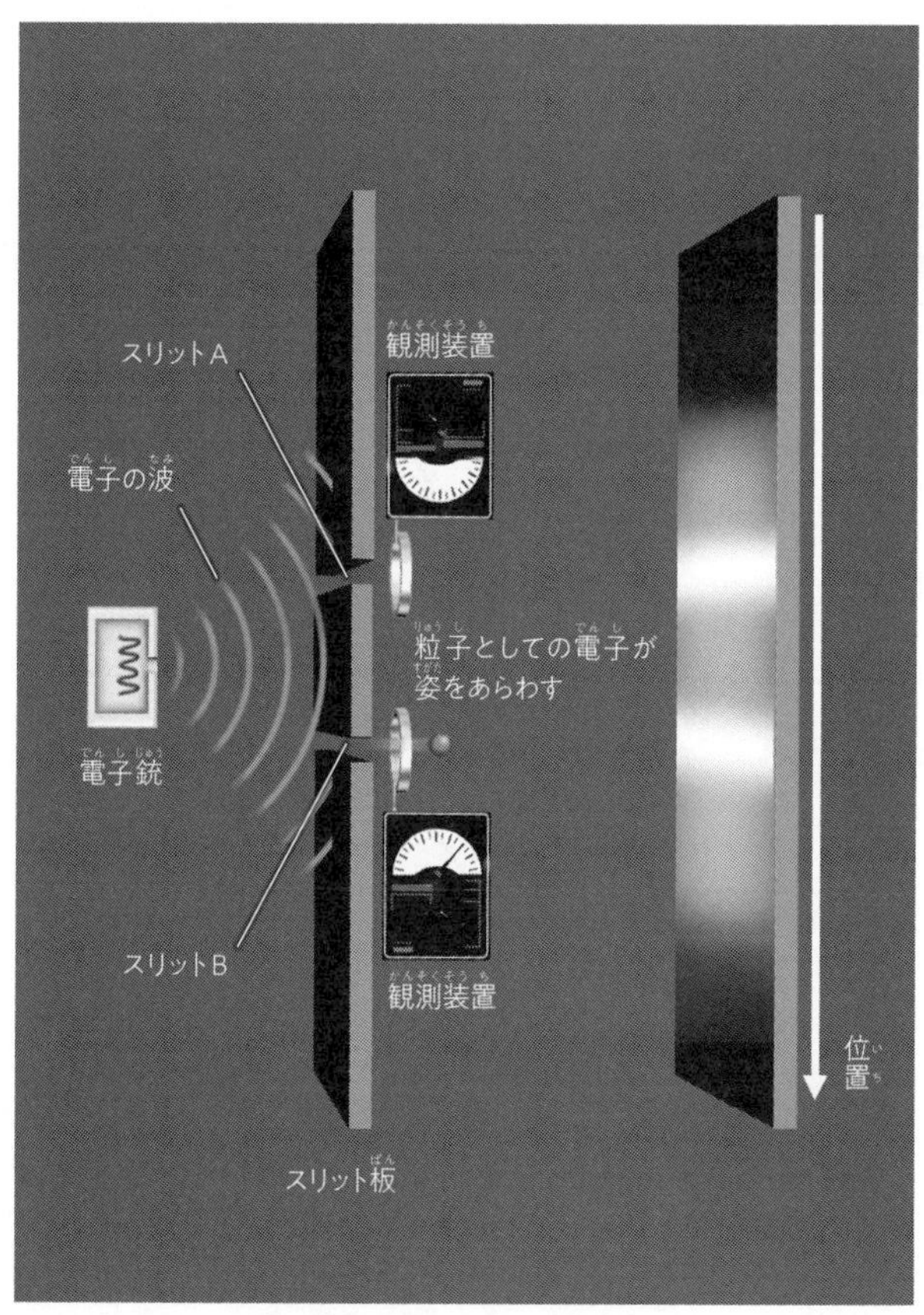

図3-6　スリットに観測装置を置いた場合の実験結果

つまり、コペンハーゲン解釈によると、電子がどちらのスリットを通ったかを確かめると、その行為そのものによって電子の波は消失し、電子はスリットのどちらか一方しか通らないことになります。その結果、干渉縞があらわれなくなるのです。

最初の二重スリット実験であらわれた干渉縞は、「一つの電子が二つのスリットを両方とも通過しないとあらわれない」ということになります。干渉縞があらわれるということは、スリット板の先で、一つの電子がスリットAを通った状態と、スリットBを通った状態が共存していたことを意味するのです。

電子の波を数式であらわしたシュレディンガー方程式

あまりに常識外れの説明ばかりで、なかなか納得がいかない人も多くいるかもしれません。ここで一度、ここまでの内容をまとめてみましょう。

まず、電子は、波と粒子の二面性を示します。電子の波というのは「電子の集団が振動して波打つ」、または「一つの電子が波打ちながら進む」といった意味ではありません。電子の波はイメージすることがむずかしいのです。

コペンハーゲン解釈などの標準的な量子論の解釈では、電子の波は「電子の発見確率」と関係する、と考えます。電子の波の振幅が大きい場所ほど、粒子としての電子の発見確率が高く、振幅の小さい場所ほど電子の発見確率は低くなります。空間の各点での電子の発見確率をグラフにすると波の形をしているわけです。

ここでいう電子の発見確率とは、「電子の存在確率」とは少しちがいます。電子の存在確率とよぶと、「ある位置に電子が存在していれば、別の場所には電子は存在しない」というニュアンスになってしまいます。しかし量子論によると、一つの電子は複数の場所に同時に存在することができます。電子の波が広がっている範囲全体に、一つの電子が同時に存在しているわけです。

このとき、電子自体が大きくなるわけではありません。電子自体は、大きさが無視できるほど小さい、点に近いものです。電子の波はいくらでも大きく空間に広がれますが、これは電子自体が大きくなったわけではなくて、電子があちらこちらに同時に共存することを意味します。

なお、ここでは量子論の標準的な解釈を紹介しました。電子の波をどう解釈するのかは、今でも学者によって立場が分かれてはいますが、それはあくまで解釈の問題で、現段階では科学の問題とはいえないと考えてよいでしょう。どのような解釈であれ、電子を波として計算し、そのふるまいを予測すると、さまざまな実験結果をうまく説明できることには変わりはありません。

さて、ここまで説明してきたような電子の波を、数学的にあらわしたものを波動関数といいます。1926年、オーストリアの物理学者、エルヴィン・シュレディンガーは、電子の波動関数が、原子の中などで、どのような形をとるのかをあらわす式を導きました。それがシュレディンガー方程式です。

$$i\hbar \frac{\partial \Psi}{\partial t} = -\frac{\hbar^2}{2m}\frac{\partial^2 \Psi}{\partial x^2} + V\Psi$$

この方程式を数学的に解くことで、たとえば原子や分子内の電子の軌道などを求めることができます。量子論で最重要といえる、最も基本となる式です。物理学者たちはこの方程式を駆使することで、電子や原子、分子がどのようにふるまうのかをくわしく知ることができるようになりました。

神はサイコロ遊びをしない？

ここからは量子論の解釈をめぐる論争をいくつか紹介していきましょう。

通常、電子は広がった波の状態にあります。観測をすると波が広がっている範囲のどこででも電子が発見される可能性があります。

ここで、広がった電子の波を無数の針状の波の集まりとして考えてみましょう。電子がA点に存在している状態、B点に存在している状態、C点に存在している状態……というように、無数の状態が共存しているのが電子の波というわけです。各針状の波は、その点に粒子がある状態をあらわしています。そして一つ一つの針状の波の高さが、その場所で電子が発見される確率（発見確率）に対応します（図3－7）。このように電子は、発見確率の濃淡をもちながら、さまざまな場所に共存しているといえます。これは光の粒子である光子も同じです。電子や光子など、

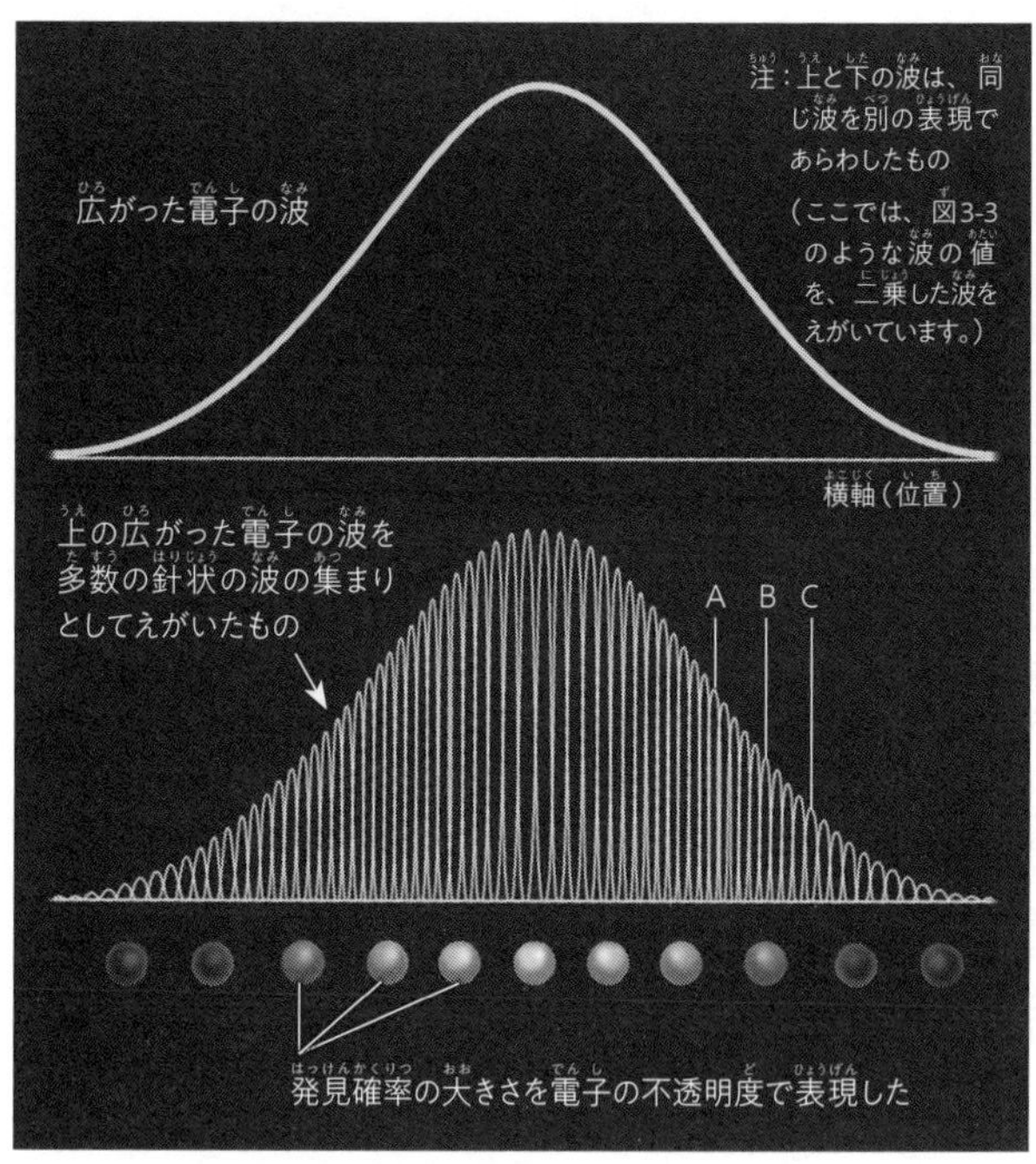

図3-7　針状の波の集まりとしてえがいた電子の波

量子論にしたがってふるまうものは、そうじて複数の状態が共存するという状態をとります。

ここで、波の状態にある電子を観測すると、電子は共存した状態のうち、どれか一つの状態で発見されます。

たとえば前に、仮

想的な小箱の中に電子を入れて、衝立を差しこむという例を説明しました。衝立を入れても、右側にいる状態と左側にいる状態が共存しており、観測するまではどちらで発見されるかはわかりません。つまり、左右のどちらで発見されるかは偶然に支配され、確率的にしか予測できないのです。

このような電子のふるまいが確率に支配されるという考え方に猛反発した人物がいます。アインシュタインです。アインシュタインは、光子の存在を予言するなど、量子論の創始者の一人といえます。しかし彼は量子論のコペンハーゲン解釈に対しては、「神はサイコロ遊びをしない！」といって批判しました。

量子論によると、電子や光子の状態がどう観測されるかは、確率的にしか予測できません。たとえば、電子がA点で発見される確率は50％、B点では20％、C点では10％……といったぐあいです。これはサイコロの出る目を確率で予想するのと似ています。

アインシュタインは「コペンハーゲン解釈が正しいなら、全知全能の神でさえ、電子がどこに存在するかわからないことになる」と考えました。アインシュタインは、すべての物事を決める神が、サイコロを振って、出た目に応じて電子の位置を決めているかのようなコペンハーゲン解釈を認められなかったのです。

生と死が共存した「シュレディンガーのネコ」

量子論の確率解釈をめぐっては、過激ともいえる解釈をとる学者もあらわれました。

「観測装置も原子からできているのだから、原子と同じ原理にしたがうはずだ。情報が確定するのは、測定結果を人間が脳の中で認識したときだ」というものです。

これに対する批判として、量子論の創始者の一人、エルヴィン・シュレディンガーが提案した思考実験が、第1章にも登場したシュレディンガーのネコです。ここで、シュレディンガーのネコの思考実験をもう一度おさらいしましょう。

外から中が見えない箱の中に、1匹のネコが入っています。箱の中には、放射性物質と放射線検出器、そして放射線検出器と連動した毒ガス発生装置も入っています。放射線検出器が放射線を検出すると、毒ガスが発生して、箱の中のネコは死んでしまいます。

放射性物質がいつ放射線を出すかは、予測がつきません。ただし、放射性物質は10分の間に50%の確率で放射線を出すことがわかっています。つまり、10分後にネコが死んでいる確率は50%ということになります。

放射性物質を構成する原子の原子核が崩壊すると、放射線が出て、ネコは死んでしまいます。この原子核の崩壊も量子論にしたがう現象です。つまり、原子核がいつ崩壊するのかは確率的にしかわかりません。崩壊したかどうかを観測するまでは、原子核は崩壊した状態と崩壊していない状態が共存していることになります。

となると、もし先ほどの過激な解釈が正しいとすれば、原子核が崩壊したかどうかは、観測する人が箱の中のネコのようすを確認するまで決まらないことになります。つまり、観測者が箱の中をのぞくまでは、ネコは死んでいる状態と生きている状態が共存していることになってしまうのです。シュレディンガーは、先ほどの解釈は、死んでおり、同時に生きているネコというばかげた存在をゆるすことになると強く批判したのです。

ただし現在では、マクロな物体でも、状態の共存をつくりだすことができることが実験によって示されています。

第4章

量子論があばいた不思議な世界

ミクロな世界は、マクロの常識から見ると〝あいまい〟です。たとえ電子を観測しても、位置や運動を同時に知ることはできません。これを不確定性原理といいます。第4章では、量子論があばいたこの世界の姿を紹介していきましょう。

電子の位置と運動方向を一緒に知ることはできない

ここからは、量子論によって明らかになったミクロな世界について、よりくわしく見ていきましょう。まず、ミクロな物質の「位置」と「運動の状態」の関係について考えていきます。量子論の世界では、ミクロな物質の「位置」と「運動の状態」はゆらいでおり、両者を同時に知ることはできないのです。

位置と運動の状態の関係について、波の回折という現象を例に考えてみましょう。回折とは、波がすきまを通って障害物の裏側に回りこむような現象のことです。第1章にも登場しましたね。

波の回折のぐあいは通過するすきまの大きさによって変わります。たとえば目の前に防波堤があって、その防波堤のすき間が広いと、波は防波堤の先でほぼ直進します。一方、すき間が小さいと、波は防波堤の先で広がります。

これは波の一般的な性質なので、電子の波でも同じことがおきます。スリットを通過する電子の回折で考えてみましょう。まず、幅の広いスリットの場合、電子の波がスリットを通過する瞬間、電子の波はスリット幅の広がりをもち、この幅のどこで電子が発見されるかはわかりません。スリットの幅が広いので、電子がどこにあるか、位置の不確かさは大きいことになります。

さて広いスリットを通ると、電子の波は、ほぼ直進します。つまり、スリットを通過する瞬間の電子は、図でいえば、ほぼまっすぐ右向きに運動しており、運動方向の不確かさは小さいことになります（図4－1）。まとめると、スリットが広いと、電子の「位置の不確かさ」は大きいけれど、「運動方向の不確かさ」は小さいということです。この関係を覚えておいてください。

今度は幅のせまいスリットを考えてみましょう。スリットを電子の波が通過する瞬間、先ほどとは逆に電子の「位置の不確かさ」は小さいことになります。一方、防波堤の例のように、このとき電子の波は回折によってスリットの後ろで大きく広がります。これは電子の「運動方向の不確かさ」が大きいことを意味します。さまざまな運動方向の電子が共存しており、運動方向は決まっていないわけです。まとめると、スリットがせまいと、電子の「位置の不確かさ」は小さいけれど、「運動方向の不確かさ」は大きいということです。

結局、この回折の例のように、電子の運動方向が正確に決まると、電子の位置の不確かさは大きくなり、逆に電子の位置が正確に決まると、運動方向の不確かさが大きくなります。位置と運動の状態(正確には運動量)の両者を、同時に正確に決

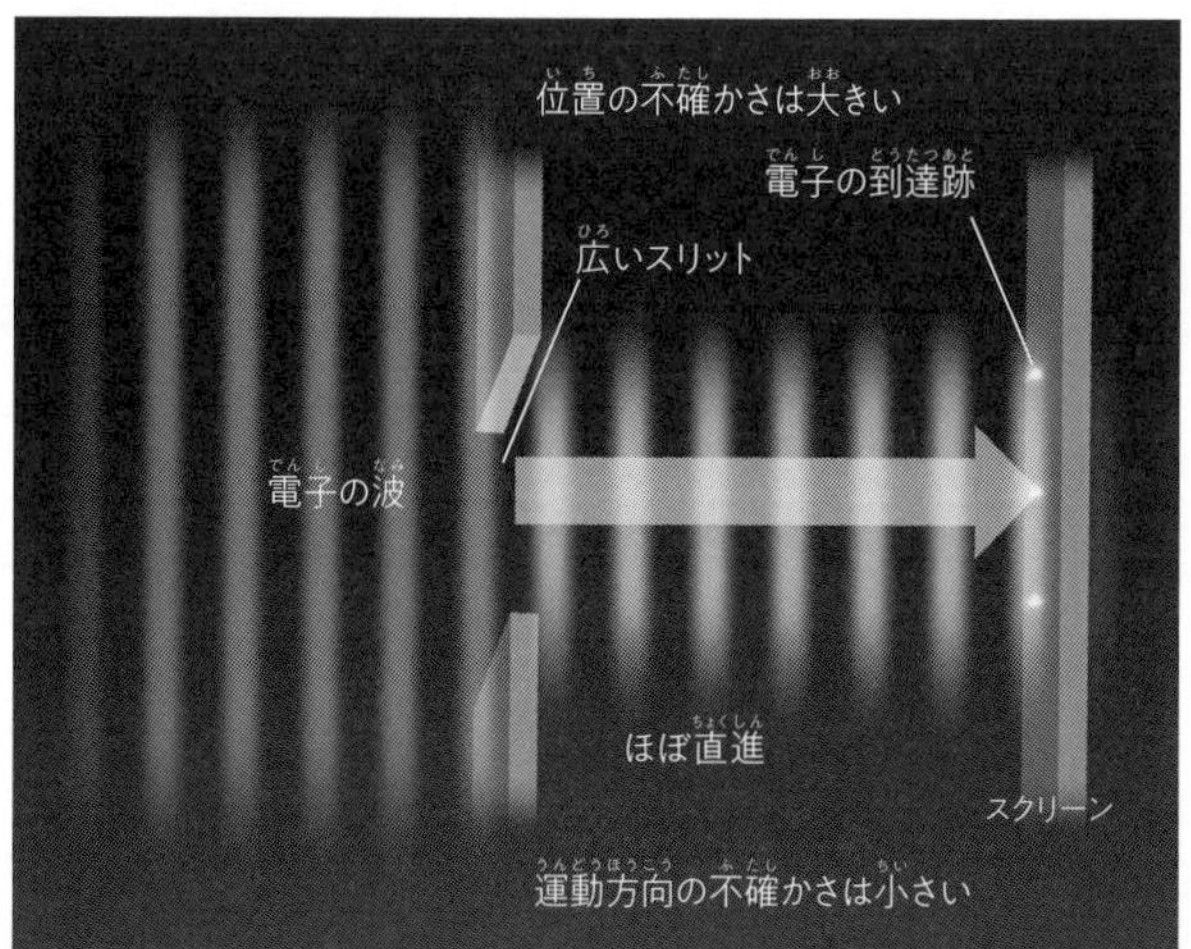

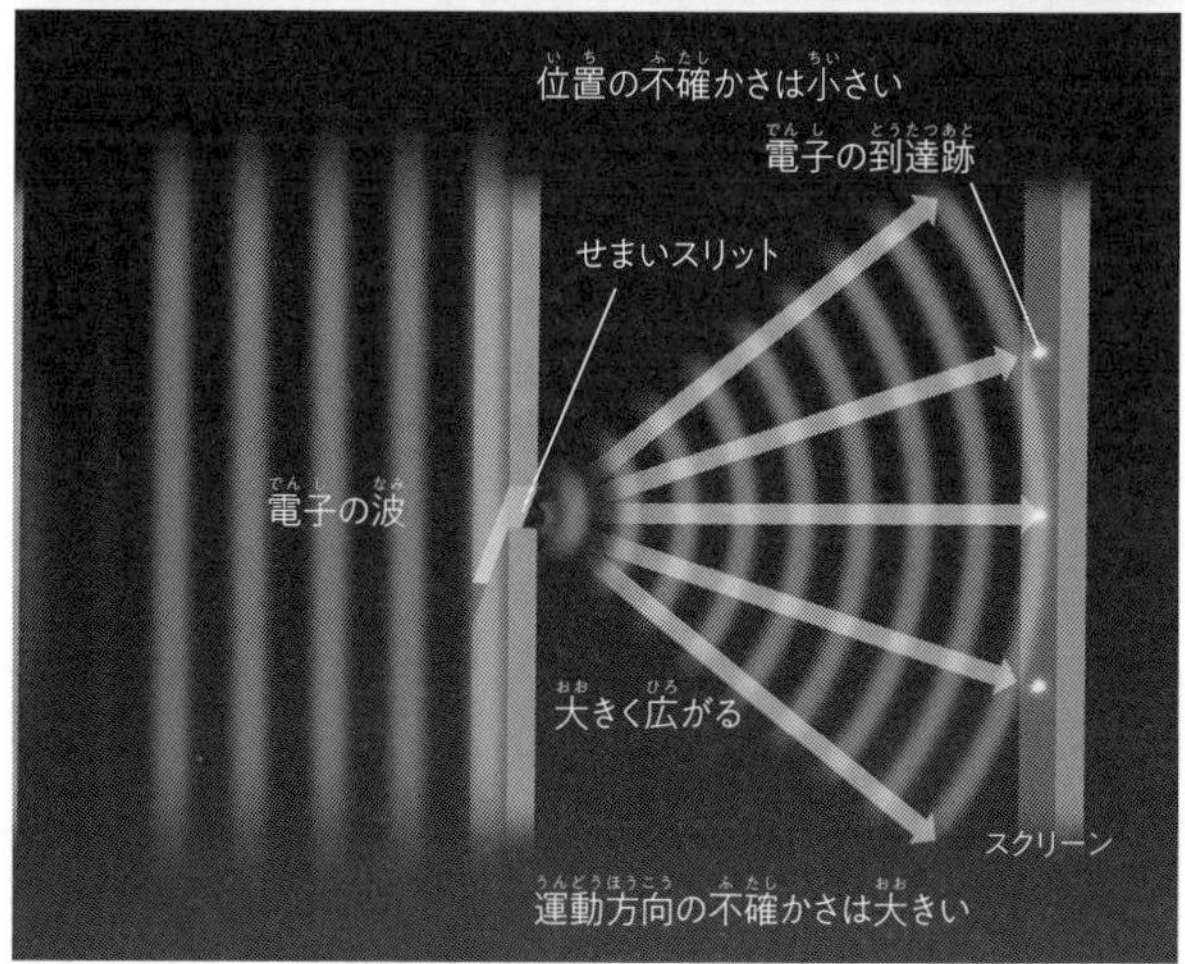

図4-1　スリット幅と電子の回折

めることは不可能なのです。これを「位置と運動量の不確定性関係」または、単に「不確定性関係」、あるいは「不確定性原理」といいます。

不確定性関係は、1927年にドイツの理論物理学者、ヴェルナー・ハイゼンベルク（1901〜1976）がとなえたものです。彼がいったことが何を意味するのかについては、いろいろ議論があるのですが、ここで注意しなければならないのは、不確定とは「実際は決まっているが、人間には知ることができない」という意味ではないということです。ここでいう不確定とは、「多くの状態が共存していて、その後、実際に人間がどの状態を観測するかは決まっていない」という意味だと理解してください。

電子の運動と、位置の両方を確定することはできません。未来のある時点で、電子がどのような運動をしていて、どの位置に観測されるのかを正確に決めることはできません。第1章の冒頭で紹介したラプラスの魔物であっても、未来の正確な予言はできないというわけです。

アインシュタインが指摘した量子論の矛盾

第3章でも紹介したように、アインシュタインは、物質のふるまいは確率的に決まるのではなく、自然法則によって完全に決まっているはずだと考えていました。そのため、不確定性関係が示す「自然界のあいまいさ」に、強く反発しました。アインシュタインは、「自然界があいまいなのではなく、量子論が不完全で、自然界を正しく記述できていないのだ」と考えていたのです。いわば、アインシュタインはあくまで未来は決まっている派だったということでしょう。

そこでアインシュタインは、1935年に共同研究者のボリス・ポドルスキーとネーザン・ローゼンとともに、時間と空間の理論である相対性理論と量子論が矛盾していることを指摘する論文を発表します。その論文で提示されたものとは少しちがいますが、ここでは光子の偏光を例に、アインシュタインらの思考実験について考えてみましょう。

光の粒子である光子は、常に振動しています。その光子の振動の方向を「偏光」といいます。光子は量子論にしたがって、同時に複数の偏光の状態をとる(共存する/重ね合わせる)ことができます。ただし、観測すると、偏光の状態は一つに定まります。

さて、特殊な装置を使えば、たがいの偏光がちょうど逆向きの光子のペアをつくりだすことができます。一方の光子が横方向右向きにゆれているなら、もう一方の光子は同じ横方向で左向きにゆれている、というぐあいです。ただし、もちろん観測前には偏光の方向は横と決まっているわけではなく、さまざまな方向の偏光が重なった状態です。「二つの光子のゆれる向きがちょうど逆向き」という状況だけが決まっていることになります。ここで、次のような状況を考えてみます。偏光が逆向きの二つの光子、AとBを同時につくりだしたとします。二つの光子は、同じ場所から正反対の方向に向かって飛んでいきます。

くりかえしですが、観測しない段階では、どちらの光子もさまざまな偏光方向が共存しています。ただし、二つの光子AとBの偏光方向は必ず同じで、向きは逆になっています。量子特有の重ね合わせ状態ということです（図4－2）。

ここで光子Aだけを観測し、偏光の方向が確定したとします。すると、どんなに二つの光子の距離がはなれていようが、光子Aの偏光方向が確定した瞬間に、光子Bの偏光方向も光子Aと同じだと確定します。光子Aの偏光が横方向だったとすると、光子Bの偏光も横方向だということが即座にわかるのです。

これはとても奇妙だと思いませんか。もともと光子Bもさまざまな偏光方向の重なり合い状態にありました。その偏光方向が、遠くはなれたところにいる光子Aを

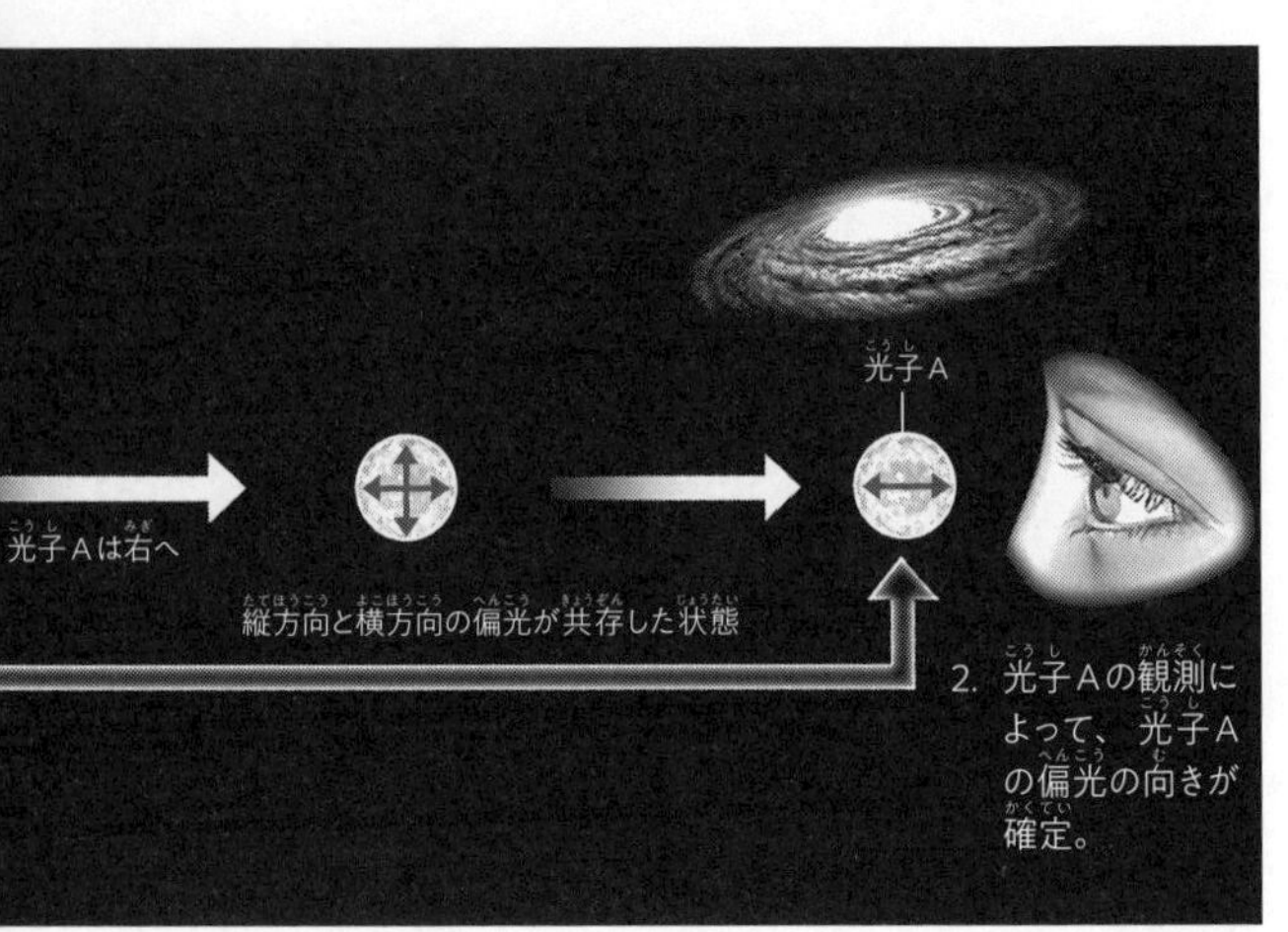

観察することで決まってしまうというのですから。光子Aから、偏光の向きが決まった影響が光子Bに伝わったと考えられますが、そのようなことはおきるのでしょうか。

アインシュタインらは、「十分にはなれたものに、時間の差もなく瞬時に影響が伝わるなどありえない」と考えました。なぜなら、特殊相対性理論という物理学の理論によれば、光速こそ自然界の最高速度で、光よりも速いものは存在しないから

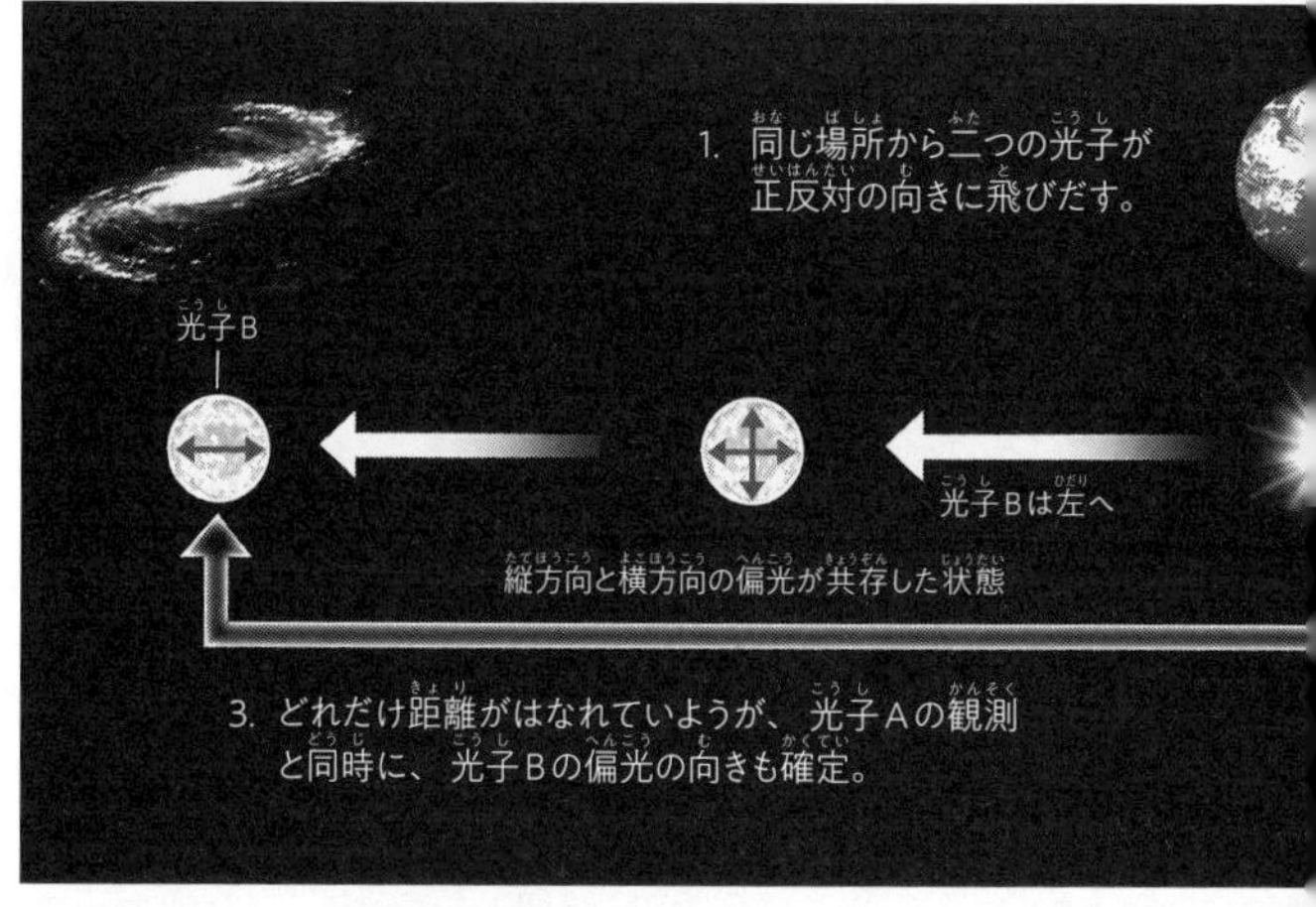

図4-2　量子もつれの状態にある二つの光子

です。遠くはなれた二つの光子の一方を観測すると、両方の状態が瞬時に決まる奇妙な現象を、アインシュタインは「不気味な遠隔作用」とよびました。

さらに、もし〝瞬時に〟影響が伝わらないとすれば、二つの光子が分かれた時点で、量子論の主張とはことなり、光子の偏光の向きは決まっていたことになると、アインシュタインたちは考えたのです。単に現在の量子論ではそれがわからないだけだというわけです。

この不気味な遠隔作用が、量子論は不完全だという主張の根拠でした。アインシュタインらの主張は、三人の名前の頭文字をとってEPRパラドックスとよばれています。さて、アインシュタインらによって、量子論の主張は否定されてしまったのでしょうか。

実際には、量子論の主張は誤っていませんでした。なんと1970年代から80年代にかけて、アインシュタインが不気味な遠隔作用とみなした現象が、本当に存在することが、実験的に証明されたのです。

この現象は「量子もつれ」、あるいは「量子からみ合い」または「量子エンタングルメント」などとよばれています。

この現象では、一方の粒子を観測した影響が瞬時に遠方に伝わっているのではなく、二つの粒子の状態がセットで決まっており（「もつれて」おり）、個別には決められないために生じることもわかりました。そして、アインシュタインが量子論を批難する根拠としたこの現象が、のちに量子コンピューターや量子情報理論の発展につながっていきます。これらについては、また第6章でとりあげるので、楽しみにしていてください。

電子は壁をすり抜ける幽霊

量子論からは、ミクロな物質がおこす、ある不思議な現象についての説明も得られました。なんとミクロな物質は、幽霊のように壁をすり抜けることがあるのです。

たとえば、マクロな世界では、壁に向かって野球ボールを投げると、当然、ボールは壁にぶつかって跳ね返ってきます。

ところが、電子などのミクロな物質はちがいます。本来なら通り抜けることができないはずの〝壁〟をすり抜けることができるのです。この現象は「トンネル効果」とよばれています。

例として、マイナスの電荷をもつ重い球（イオン）がびっしり壁のように並んだ状況を考えます。電子もマイナスの電荷をもつので、速度が遅いと、電気の反発力で壁にはね返されてしまうはずです。

しかし、ごくまれに、電子が十分な速度をもっていなくても、この壁をすり抜けてしまうことがあるのです（図４－４）。これがトンネル効果です。質量の小さな物質ほどトンネル効果をおこしやすくなります。

量子論によれば、人間ほどのサイズでも実際の壁を透過する確率は、理論的には完全にゼロにはなりません。でも、かぎりなくゼロに近いので、まず通り抜けることはできないでしょう。宇宙が誕生してから今までの約１３８億年間かけて挑戦し

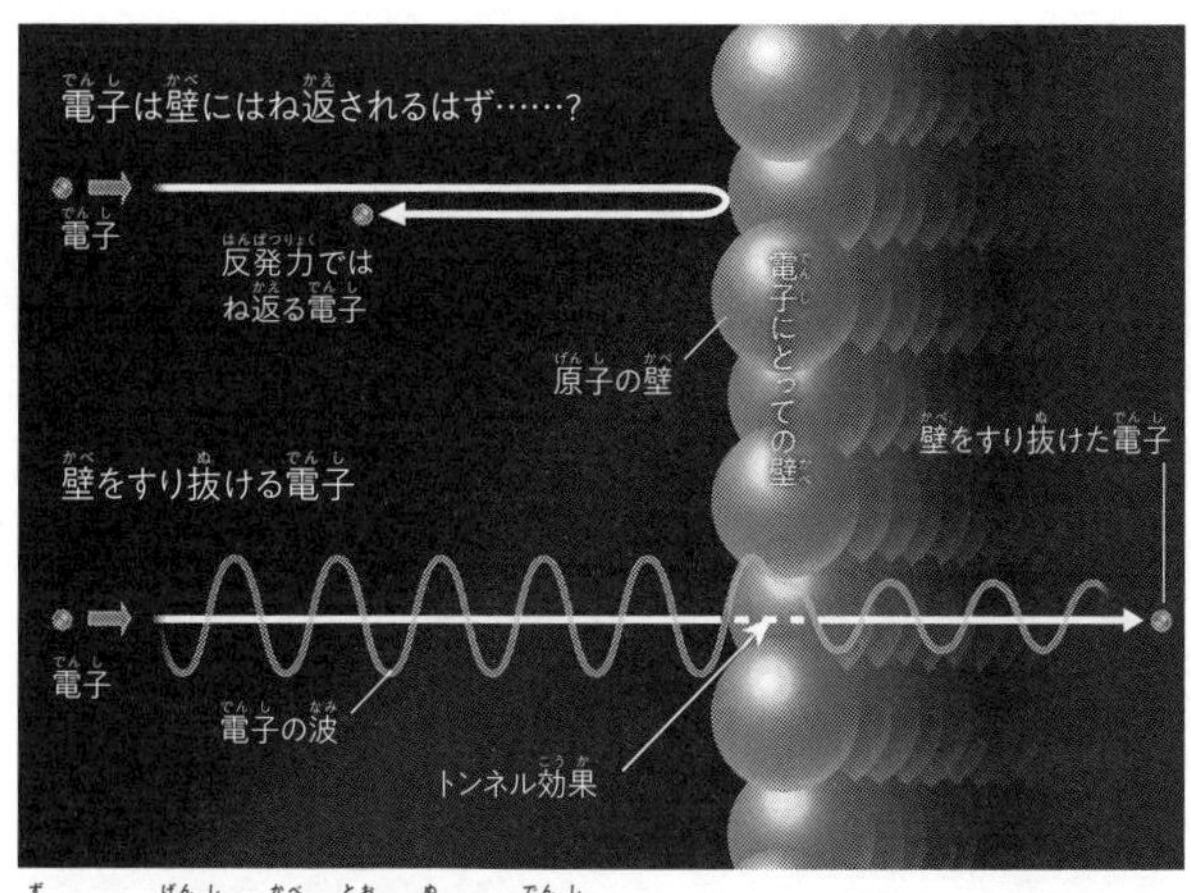

図4-4　原子の壁を通り抜ける電子

てみても、大きな質量をもつ人間が壁を透過することはまずありえないというレベルです。

トンネル効果を図4-5のように、山の斜面で考えましょう。A地点にある普通のボールは、外からエネルギーを加えないかぎり、同じ高さのB地点より上に行くことは不可能です。ですから、A地点のボールが山をこえることはありえません。B地点をこえて上にいくには、A地点でボールがもっていたエネルギーよりも多くのエネル

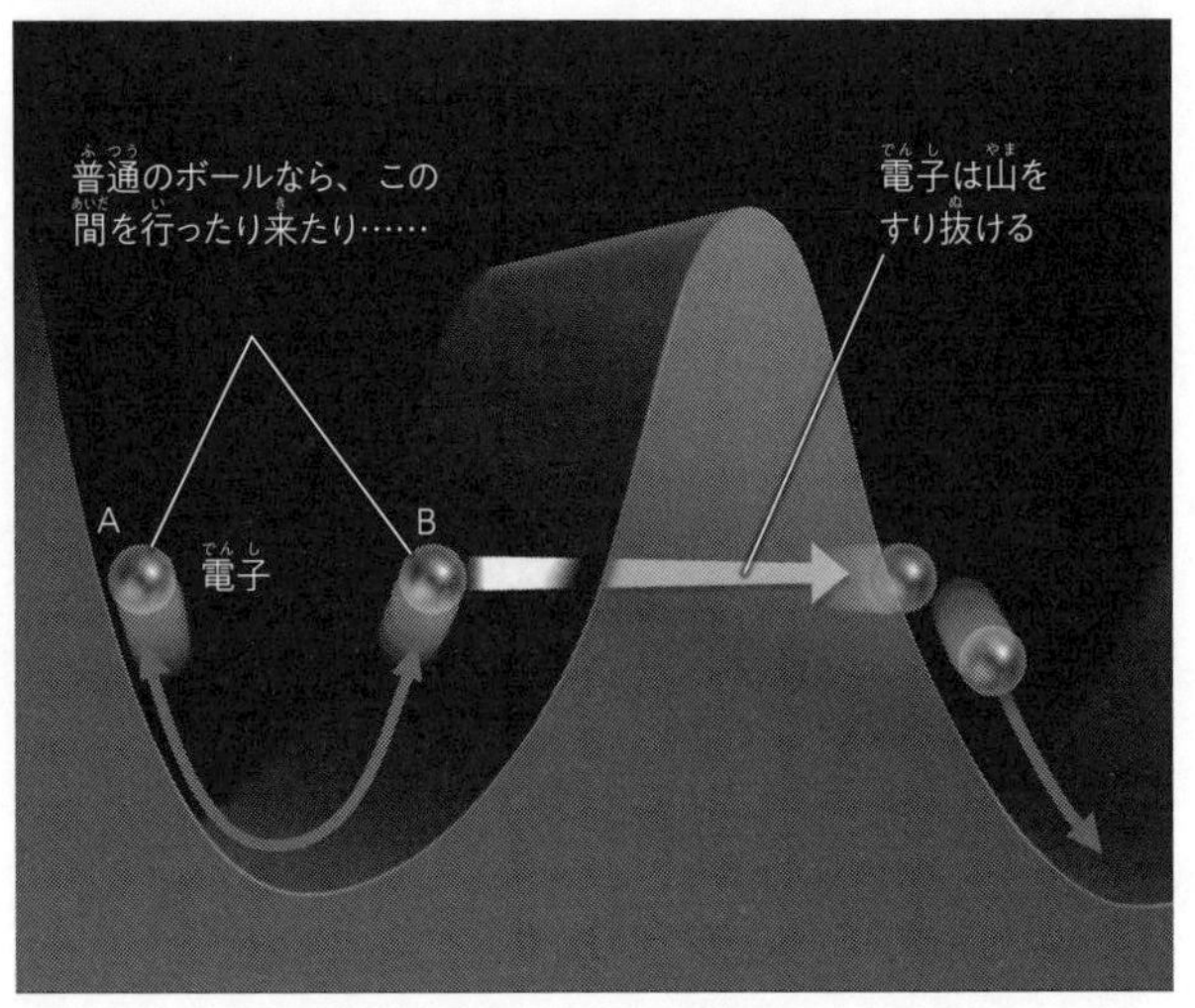

図4-5　トンネル効果でエネルギーの山をすり抜ける電子

ギーが必要です。

しかし、電子のようなミクロな物質についてシュレディンガー方程式を解くと、たとえ電子が山を超えるのに必要なエネルギーをもっていなくても、電子の波が山の向こうにしみでてくるような解が得られます。これはつまり、多数の電子を観測すると、そのいくつかは山の反対側に到達することを意味します。外側から見ていると、「電子がいつのまにか山をすり抜けて、反対側に移動していた」と見えます。

先ほどの電子が壁を透過する例も、電子の波がエネルギーの障壁の向こう側にしみだして、壁の向こう側に到達したとみなせるわけです。

トンネル効果によっておきる実際の現象をいくつか紹介しましょう。ウランなどの放射性物質の原子核は、アルファ粒子とよばれる粒子を放出して少し軽い原子核に変わることがあります。このような現象を原子核の崩壊とよんでいます。とくに崩壊するときに、陽子二つと中性子二つからなるアルファ粒子を放出する崩壊をアルファ崩壊とよんでいます（図4－6）。

1928年、アメリカの理論物理学者、ジョージ・ガモフ（1904～1968）は、アルファ崩壊がなぜおきるかを、トンネル効果を使って説明することに成功しました。

原子核は陽子と中性子でできています。原子核の中でも、陽子二つと中性子二つ

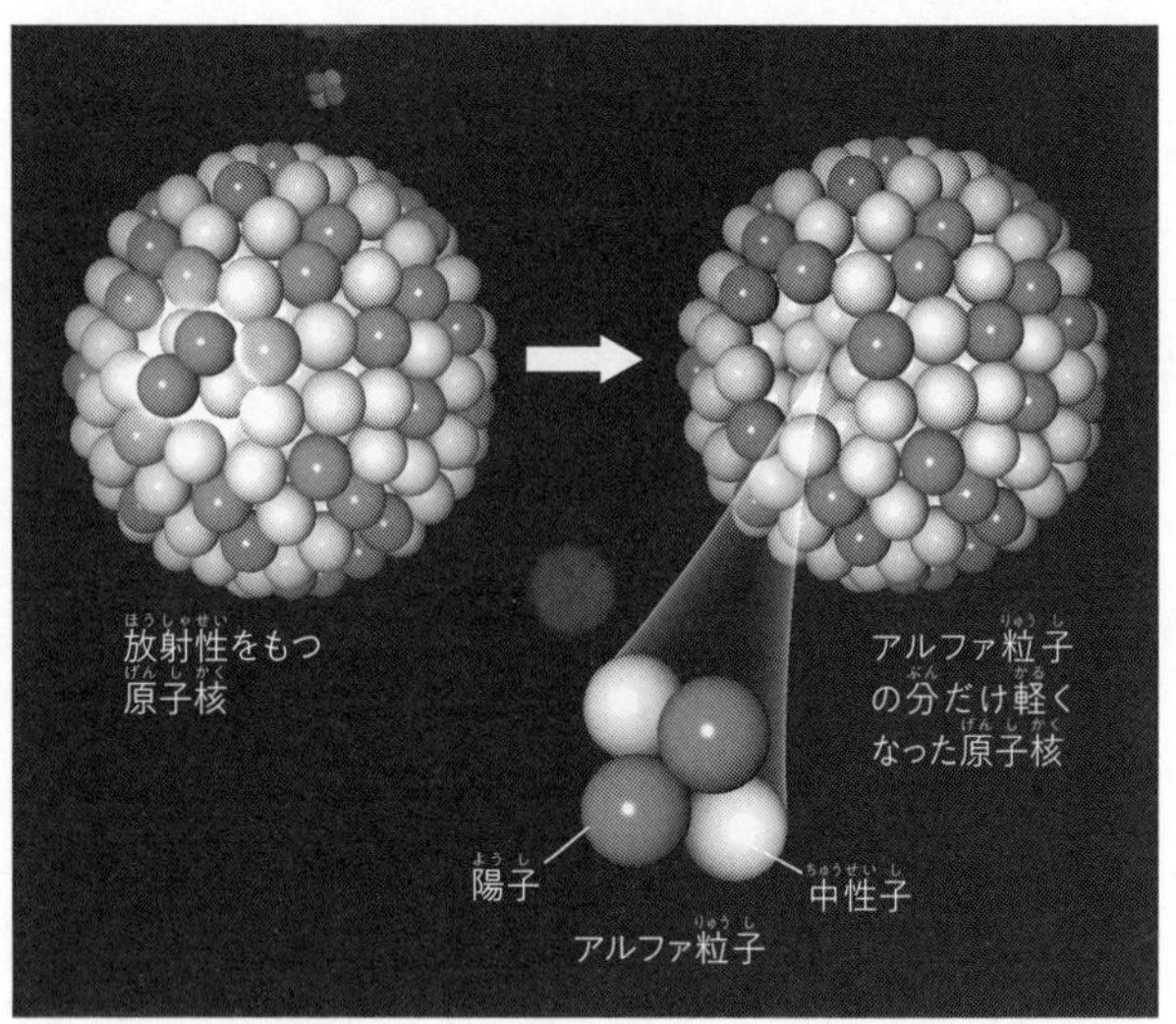

図4-6　アルファ崩壊

がアルファ粒子のまとまりをつくって存在しています。このように陽子や中性子を結びつける力を強い核力(強い力)とよんでいます。強い核力は、原子核の中だけでしかはたらきませんが、ものすごく強い力です。

原子核の中のアルファ粒子は、このように強い核力によってつなぎとめられているので、普通に考えれば原子核から飛び出ることはありえません。アルファ粒子は、強い核力がつくる「エネルギーの山」に囲まれたくぼ地にいるようなものだと考えられます。

ところが、アルファ崩壊がおきるときには、安定な原子核から、アルファ粒子が放出されます。このとき登場するのがトンネル効果です。

アルファ粒子は原子核にいる間はとても安定ですが、トンネル効果をおこすことで、エネルギーの壁をすり抜けて原子核の外に飛びだすことがあるのです。こうしていったんアルファ粒子が原子核を飛びだすと、強い核力はおよばなくなります。すると、原子核はプラスの電気をもっているので、アルファ粒子のプラスの電気と反発し、アルファ粒子はものすごい勢いで外に飛びだします。これがアルファ崩壊というわけです。

太陽が輝いているのはトンネル効果のおかげ

アルファ崩壊とはちがう例も紹介しましょう。実は、トンネル効果は、太陽の中でもつねにおきています。太陽が輝いているのはトンネル効果のおかげなのです。

太陽の内部では、水素原子核（陽子）どうしが衝突・合体する「核融合反応」がおきています。太陽はこの核融合反応で発生するエネルギーで輝いています。

しかし、実は古典物理学だけにもとづいて計算すると、太陽の中では核融合がおきないことになってしまいます。なぜなら、陽子は

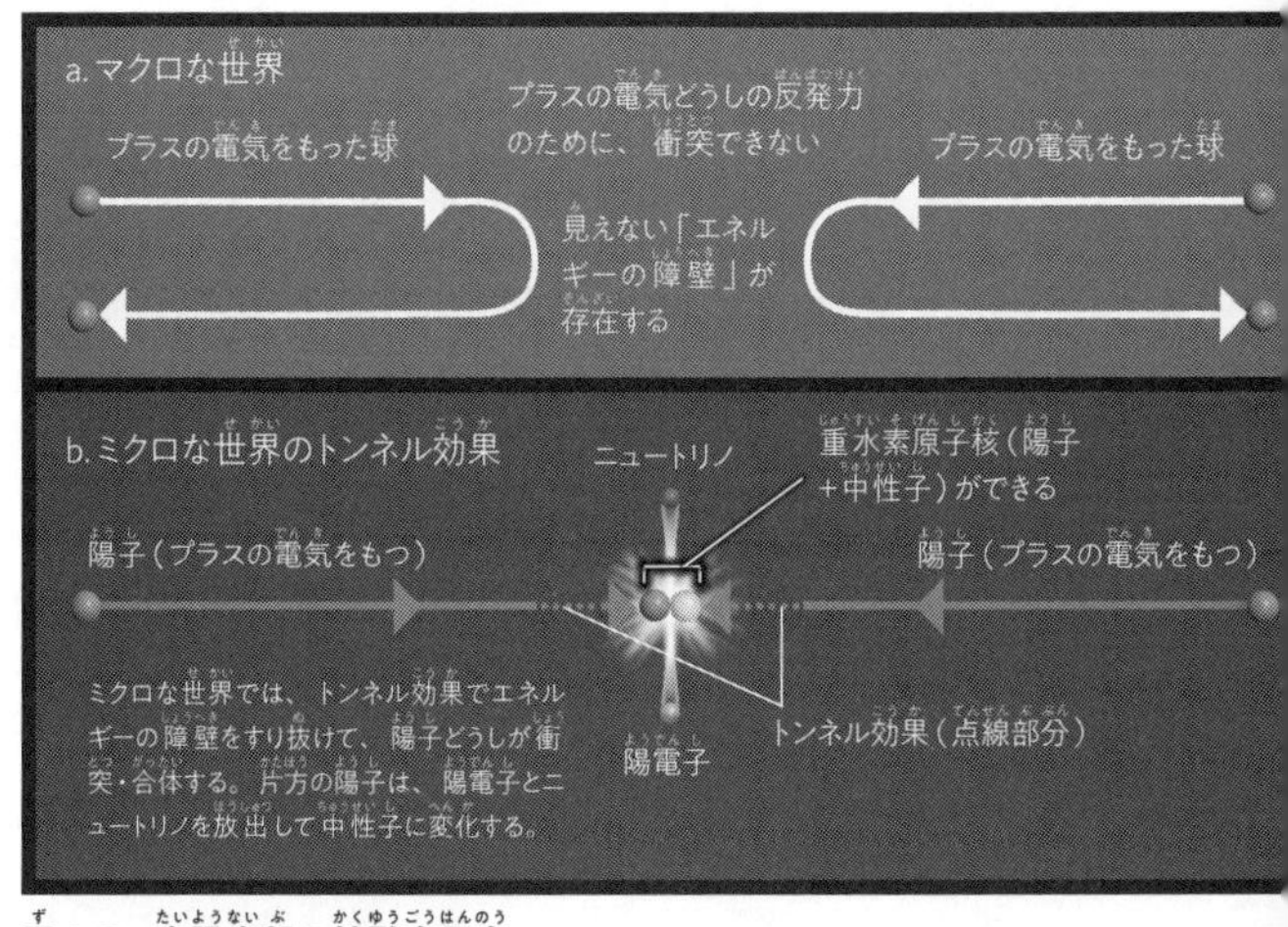

図4-7　太陽内部の核融合反応

プラスの電気をもつので、二つの陽子はたがいに反発してしまうため、核融合がおきる距離（10^{-15}メートル）まで近づくことができないためです。陽子どうしがこの障壁をのりこえるには、ものすごいエネルギーが必要です。そのエネルギーは、数百億度の高温に相当します。しかし実際の太陽の中心の温度は、たかだか1600万℃です。これでは太陽では核融合反応がおきず、私たち地球上の生命は生きていくことができません。

ここで登場するのがトンネル効果です。太陽では、ある程度、近づいた陽子どうしがトンネル効果によって電気的なエネルギーの障壁をのりこえて衝突し、核融合をおこしているのです（図4－7）。私たちが生きていけるのは、量子論の効果のおかげだといえるでしょう。

第5章

現代社会で活躍する量子論

量子論は、物理学だけでなく、化学や生命科学などの分野に大きな進展をもたらしました。さらに量子論によって明らかになった知見は、さまざまな場面で私たちの生活を支えています。第5章では、現代社会の中で量子論がどのように活躍しているのかを紹介しましょう。また、量子論は現代科学の大きな土台でもあります。宇宙の謎を解明するためにも、量子論は欠かせない理論です。

ＩＴ社会の発展は量子論がもたらした

ここからは、量子論の応用について見ていきましょう。量子論は、私たちの生活に大きく貢献しており、現代社会は量子論がなければ成り立たないといえるでしょう。

量子論の大きな功績の一つは、物理学と化学の橋渡しをしたことです。化学反応がなぜおきるのか、さまざまな元素の性質はなぜ生じるのかといった、化学の根元的な疑問に対し、量子論は理論的に答えることに成功したのです。これが現在の化学技術の発展をもたらしたといえるでしょう。

たとえば、元素の周期性がなぜ生じるのかは量子論によって解明されました。元素を軽い順に並べると、似た性質の元素が周期的にあらわれます。これを表にしたのが周期表で、周期表の縦に並ぶ元素は性質がよく似ています。こうした周期性がなぜ生じるのかは、量子論にもとづいた、原子の電子軌道の理論によって明らかになったのです。周期表と量子論については、このあと145ページから説明しま
しょう。

さらに、化学反応がなぜおきるのかも、量子論を使って理論的に説明できます。化学反応とは、原子と原子がくっついたり、はなれたりすることです。こういった原子のふるまいは量子論にもとづいて計算し、予測できるのです。たとえば、二つ

の水素原子はくっついて水素分子をつくります。ですが、量子論誕生以前は、この反応がなぜおきるのかは不明でした。しかし、量子論による理論計算によって、水素分子がなぜ安定的に存在できるのかが明らかにされたのです。この例にかぎらず、さまざまな分子構造の理解に量子論は大きく役立っています。量子論と化学反応については、151ページから紹介します。

さらに私たちの生活に直接関係することとして、量子論は金属、絶縁体、半導体といった、さまざまな固体の性質も明らかにしました。金属とは電流をよく流す物質のことです。ミクロな視点では自由に動きまわれる電子、つまり自由電子をもつ物質だといえます。一方、絶縁体とは電流を流さない物質で、自由電子をもたない物質です。そして半導体は、金属と絶縁体の中間にあたる物質です。半導体はスマホやパソコンなどに不可欠な物質ですが、こういった固体中の電子のふるまいは、量子論によって解明されたのです。量子論にもとづく半導体の正しい理解がなければ、現在のようなIT社会は生まれなかったでしょう。固体中の電子のふるまいと、量子論については、154ページから説明しましょう。

ほかにも、リニアモーターカーなどに使われる超伝導や、CDやブルーレイディスクの読み書きなどに使われるレーザーも量子論を応用した技術だといえます。社会のいたるところで量子論が使われているのです。

周期表の意味が明らかになった

では、先ほど少し登場した、周期表と量子論について説明しましょう。

元素の周期表は、量子論が誕生する前の1869年、ロシアのサンクトペテルブルク大学の化学教授だったドミトリ・メンデレーエフ（1834〜1907）によって発表されました。メンデレーエフがつくった当時の元素周期表では、ふさ

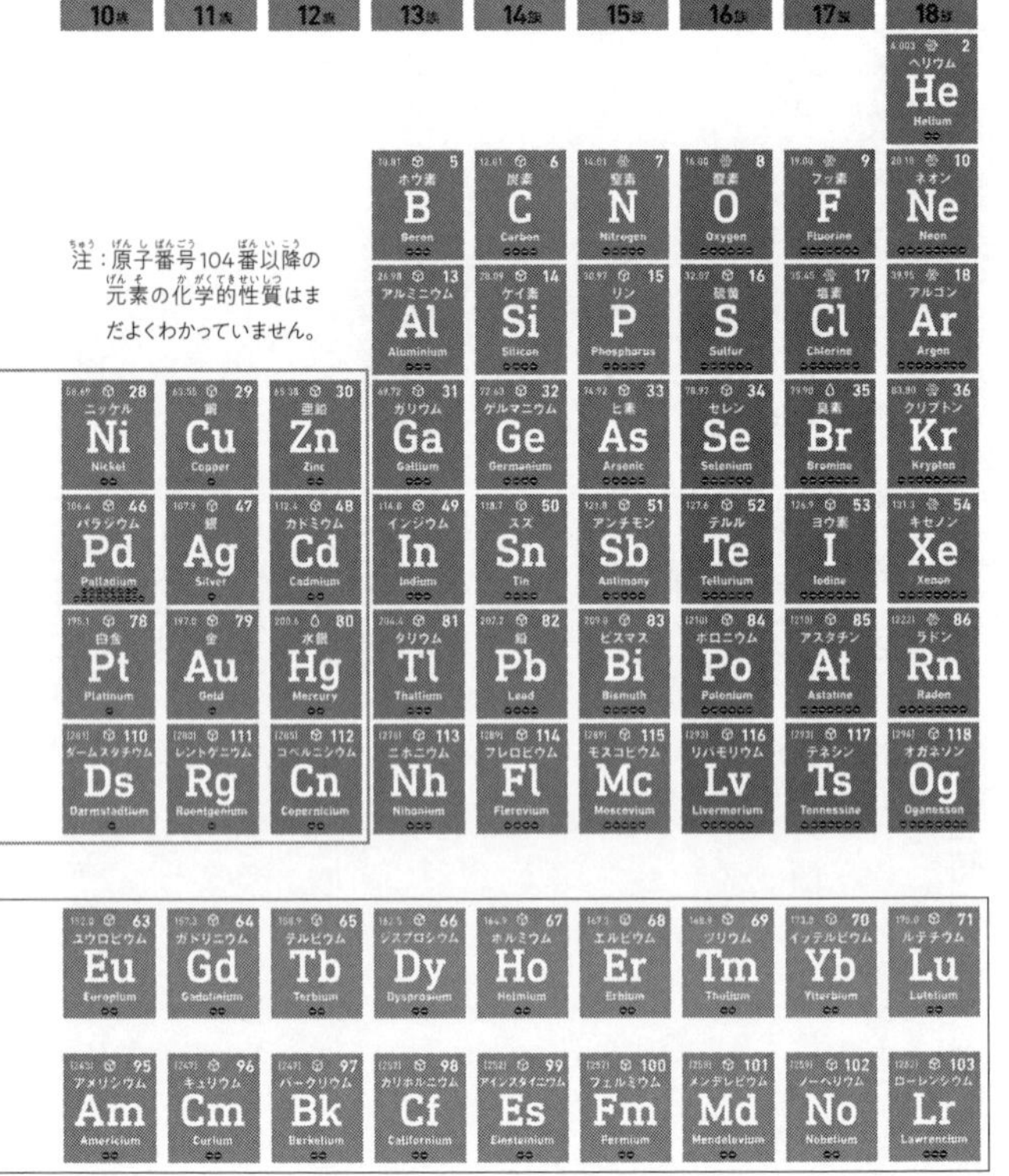

注：原子番号104番以降の元素の化学的性質はまだよくわかっていません。

データ出典
原子量：日本化学会原子量専門委員会が2022年に発表した4桁の原子量、『理科年表 2022年度版』（丸善）

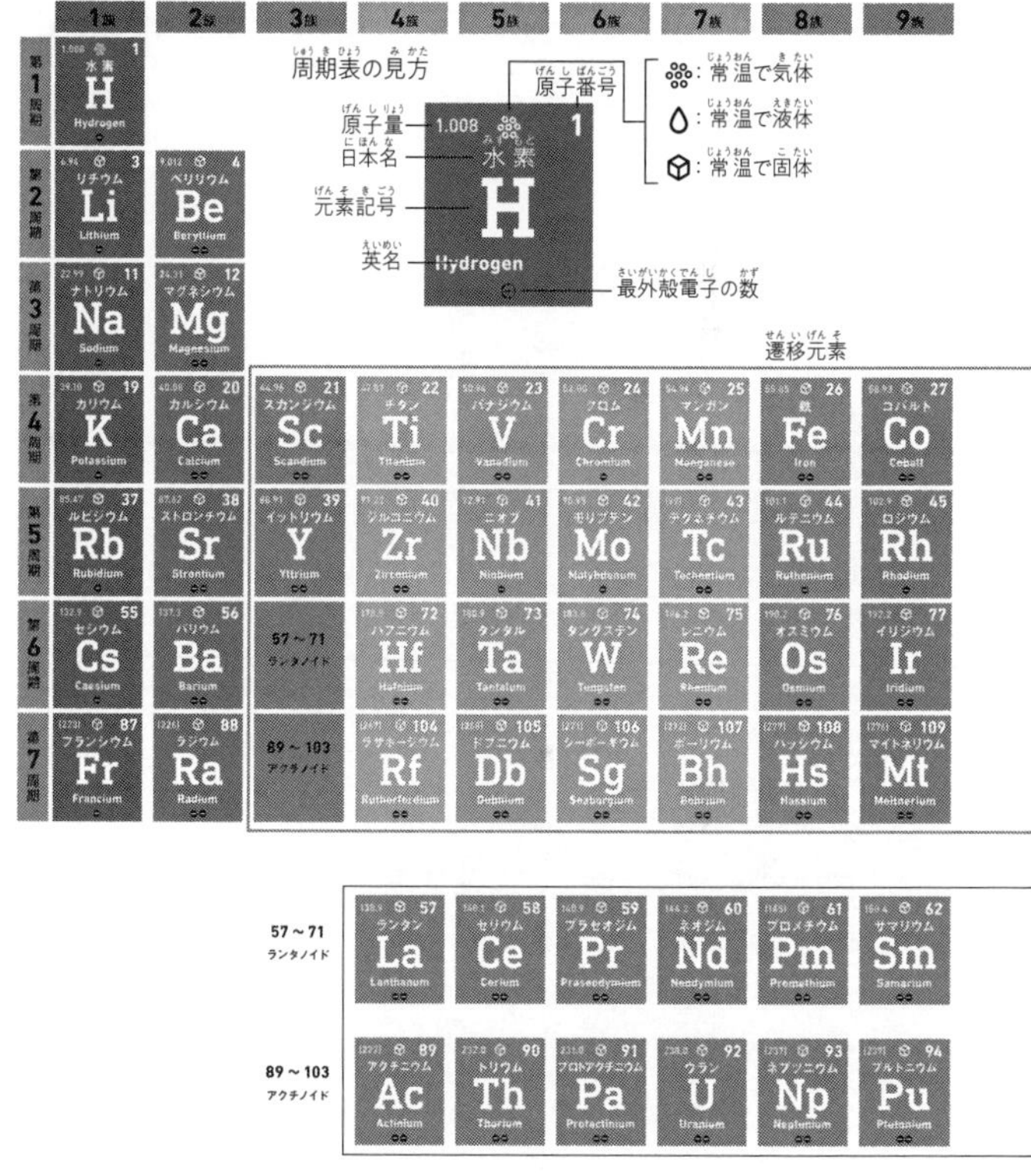

1族
2族
3族
4族
5族
6族
7族
8族
9族
第1周期
第2周期
第3周期
第4周期
第5周期
第6周期
第7周期
周期表の見方
原子番号
原子量
1.008
1
日本名
水素
元素記号
H
英名
Hydrogen
最外殻電子の数
常温で気体
常温で液体
常温で固体
遷移元素
1 水素 H Hydrogen
3 リチウム Li Lithium
4 ベリリウム Be Beryllium
11 ナトリウム Na Sodium
12 マグネシウム Mg Magnesium
19 カリウム K Potassium
20 カルシウム Ca Calcium
21 スカンジウム Sc Scandium
22 チタン Ti Titanium
23 バナジウム V Vanadium
24 クロム Cr Chromium
25 マンガン Mn Manganese
26 鉄 Fe Iron
27 コバルト Co Cobalt
37 ルビジウム Rb Rubidium
38 ストロンチウム Sr Strontium
39 イットリウム Y Yttrium
40 ジルコニウム Zr Zirconium
41 ニオブ Nb Niobium
42 モリブデン Mo Molybdenum
43 テクネチウム Tc Technetium
44 ルテニウム Ru Ruthenium
45 ロジウム Rh Rhodium
55 セシウム Cs Caesium
56 バリウム Ba Barium
57～71 ランタノイド
72 ハフニウム Hf Hafnium
73 タンタル Ta Tantalum
74 タングステン W Tungsten
75 レニウム Re Rhenium
76 オスミウム Os Osmium
77 イリジウム Ir Iridium
87 フランシウム Fr Francium
88 ラジウム Ra Radium
89～103 アクチノイド
104 ラザホージウム Rf Rutherfordium
105 ドブニウム Db Dubnium
106 シーボーギウム Sg Seaborgium
107 ボーリウム Bh Bohrium
108 ハッシウム Hs Hassium
109 マイトネリウム Mt Meitnerium
57～71 ランタノイド
57 ランタン La Lanthanum
58 セリウム Ce Cerium
59 プラセオジム Pr Praseodymium
60 ネオジム Nd Neodymium
61 プロメチウム Pm Promethium
62 サマリウム Sm Samarium
89～103 アクチノイド
89 アクチニウム Ac Actinium
90 トリウム Th Thorium
91 プロトアクチニウム Pa Protactinium
92 ウラン U Uranium
93 ネプツニウム Np Neptunium
94 プルトニウム Pu Plutonium

図5-1　元素の周期表

わしい元素が存在しない場所は空欄にされ、彼はそこに入るべき元素の原子量や性質を予言しました。

その後、新たな元素がいくつか発見され、その性質がメンデレーエフの予言とピタリと一致していることがわかったのです。これにより、メンデレーエフの周期表の正しさが認められるようになったのです。

しかし、元素の化学的な性質が何に由来するのか、化学反応がなぜおきるのかについては、まだわかっていませんでした。その謎が解明されるには、量子論の登場を待つ必要があったのです。

量子論が登場したことにより、元素の化学的な性質をつくりだしているのは、電子であることが明らかになりました。図5-2は、量子論が明らかにした水素原子の電子軌道のイメージ図です。量子論の基礎方程式、シュレディンガー方程式から導かれたものです。

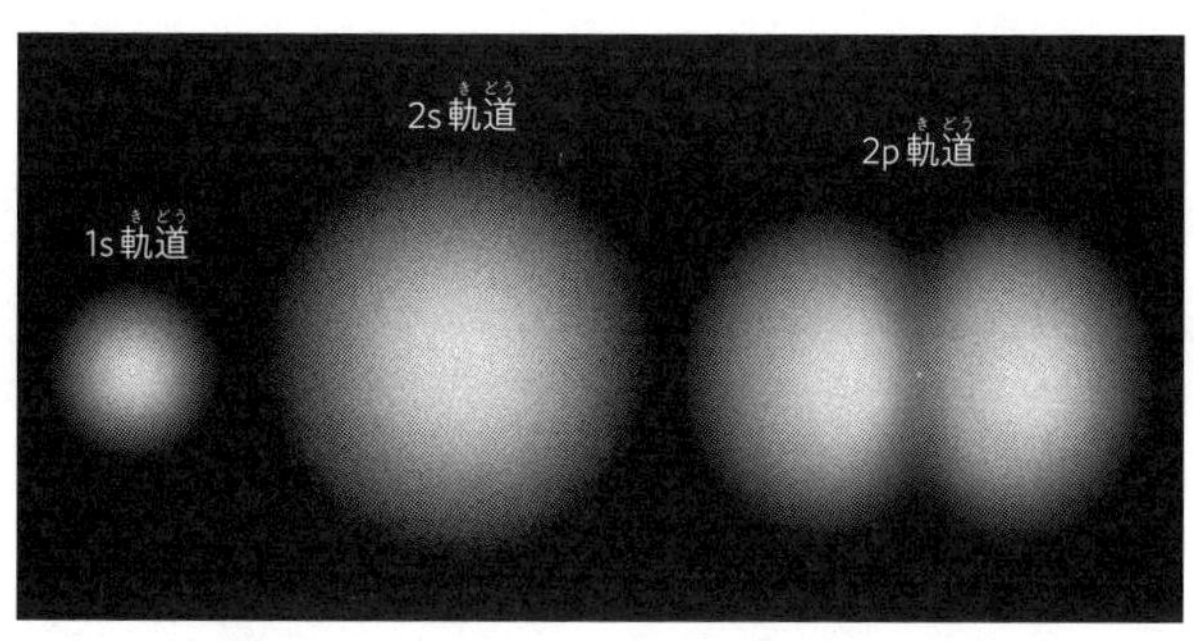

図5-2　量子論によって明らかになった水素原子の電子軌道

これまで説明してきたように、電子は観測しないかぎり「ここにある」とはいえません。電子は空間的に広がって存在しているのです。イラストでは、それを雲のようなイメージでえがきました。

さて、この原子の構造についてくわしく見ていきましょう。水素原子の電子はふつう、一番エネルギーの低い1s軌道にいます。このエネルギーが最も低い状態を基底状態といいます。この1s軌道の電子は、別の軌道にジャンプすることがあります。たとえば、電子が光を吸収すると、光からエネルギーをもらい、より高いエネルギーの2s軌道や2p軌道などに飛び移ります。これを励起状態といいます。
水素以外の元素でも、水素原子の場合と軌道の形状の特徴は変わりません。そのため、それぞれの元素の電子軌道は、水素原子と同じく1s、2s、2pなどとよばれます。

それぞれの電子軌道には、定員があります。一つの軌道には二つの電子までしか存在できないのです。電子には2種類のスピンがあるので、一つの軌道に二つまでは入ることができます。これをパウリの排他律といいます。

原子の中にある電子の数は、原子番号と同じです。たとえば原子番号2のヘリウム(He)は、1s軌道に電子が二つで、1s軌道がちょうど埋まった状態です。そして原子番号が6の炭素(C)では、1s軌道に電子が二つ、その外側の2s軌道に電子が二つ、さらに2p軌道に電子が二つです。このように、エネルギーの低い軌道から順に電子が〝配置〟されることになります。

元素がことなると、電子の配置が変わります。この電子の配置のちがいが、どんな物質と反応するかなど、それぞれの元素のさまざまな化学的な性質を決めています。とくに最も外側の、エネルギーの高い軌道（最外殻）にある電子の数が化学反応に大きく影響します。周期表では、最外殻の電子の数が等しい元素が、基本的に同じ列にくるように並んでいます。そのため、周期表の同じ縦の列の元素は、化学的な性質が似ているのです。

こうした電子のあり方の理解が進んだのは、量子論のおかげといえます。

化学反応の意味がわかったのも量子論のおかげ

量子論は、周期表の意味を明らかにしただけではありません。化学反応のしくみも明らかにしました。量子論が生まれる前は、なぜ化学反応がおこるのか、そのしくみがわかっていなかったのです。

たとえば水素や酸素、窒素などの元素は、通常は二つの原子が結合して分子を形成しています。しかし電気的に中性で、電気的な引力がはたらきそうもない原子どうしが、なぜ強く結合して分子を形成できるのでしょうか。量子論はこのしくみを明らかにしました。

二つの水素原子をはなした状態から、徐々に近づけることを考えましょう。それぞれの水素原子の電子の軌道（1s軌道）は、となりの水素原子が近づくにつれて、その影響を受けて軌道の形が変化していきます。量子論にもとづいた計算によると、やがて二つの1s軌道は新たな形状の分子軌道を形づくります（図5-3）。

このときできる分子軌道は二つあり、一つは「結合性分子軌道」という少しだけ安定な軌道。もう一つは「反結合性分子軌道」という少しだけ不安定な軌道です。水素原子を構成していた二つの電子はともに、より安定な結合性分子軌道に〝配

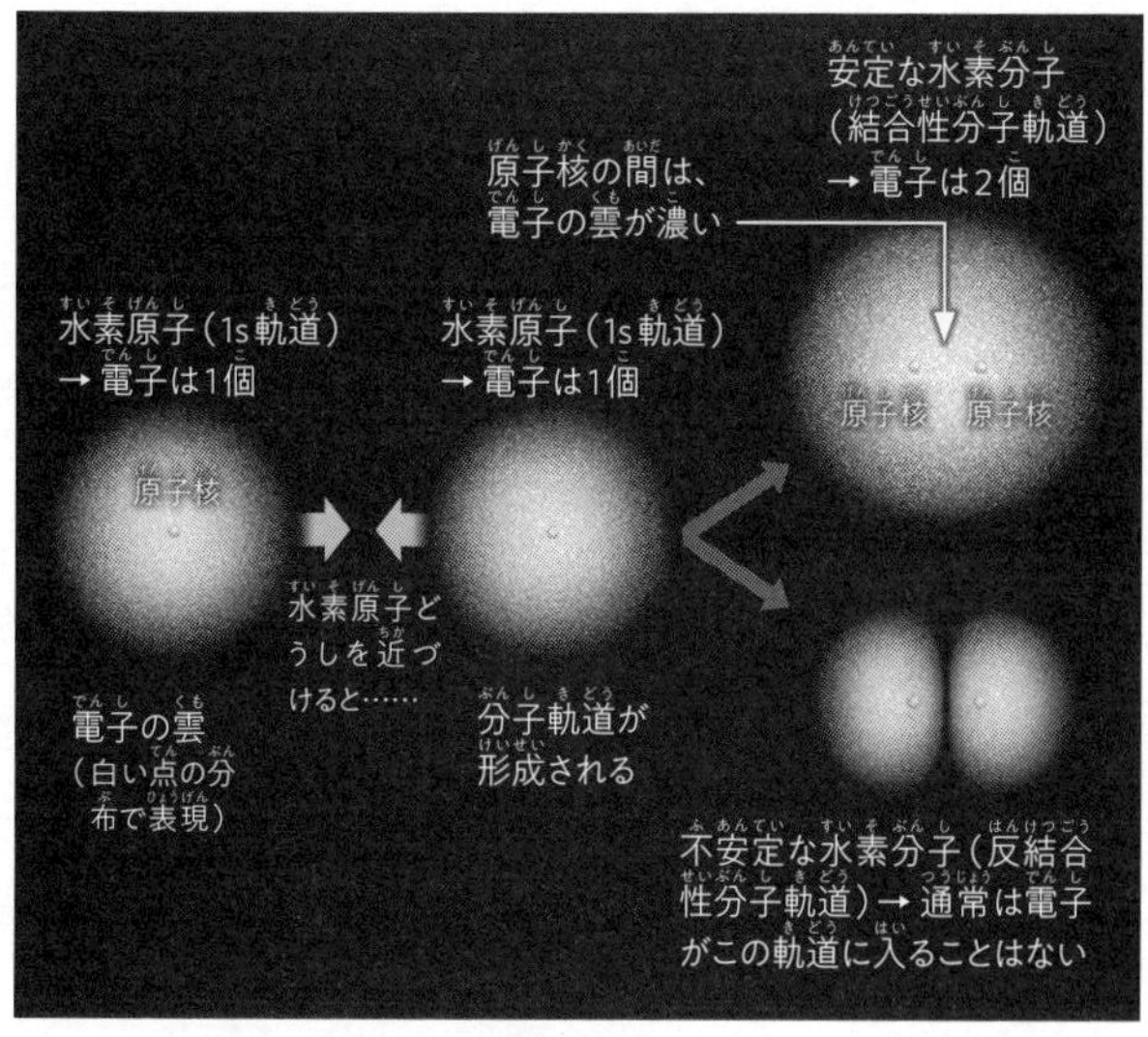

図5-3　水素原子と水素分子の電子軌道

置〟されます。

量子論の計算で求められた結合性分子軌道では、二つの原子核の間で〝電子の雲〟が濃くなっています。原子核はプラス、電子はマイナスの電荷を帯びているので、原子核と、電子の雲の濃い領域との間には、電気的な引力がはたらくことになります。その結果、電子を仲立ちとして、原子核どうしが結びつくのです。

このように、電子の軌道を量子論にもとづいて考える手法は、量子化学として発展しました。そしてさまざまな原子・分子の性質や、化学反応のしくみが、量子化学にもとづいたコンピューター・シミュレーションによって、次々と明らかになっていきました。

現在では、化学工業や医薬品の開発といった分野で、量子化学は不可欠の重要な存在になっており、今後のさらなる発展が期待されています。

量子論があばいた半導体のしくみ

次は、金属・半導体・絶縁体といった固体の性質と量子論について、見ていきましょう。物質によってことなる電気的な性質も、量子論によって解き明かされてきました。これがIT社会の発展につながったといえるでしょう。

先ほど説明した、「原子の電子軌道をもとに、分子の電子軌道を求める」というのと似たやり方で、固体を多数の原子・分子が集まったものとして考え、その中で電子がどのようにふるまうか、解き明かしてきたのです。

このようにマクロな物質を多数の原子の集団としてとらえ、量子論にもとづいてその性質を解き明かす物理学を物性物理学といいます。量子論の〝守備範囲〟は、ミクロな世界だけではないのです。

では、物性物理学の考え方を見ていきましょう。まずは単独の原子の場合について、電子がとる軌道を考えてみます（図5－4、a）。原子の中の電子は、さまざまな軌道をとることができます。それぞれの軌道のエネルギー値（エネルギー準位）はとびとびで〝線〟であらわすことができます。電子はエネルギーの低い軌道から順につまっていきます。

次に、原子が組み合わさってできる分子を考えてみましょう（図5－4、b）。

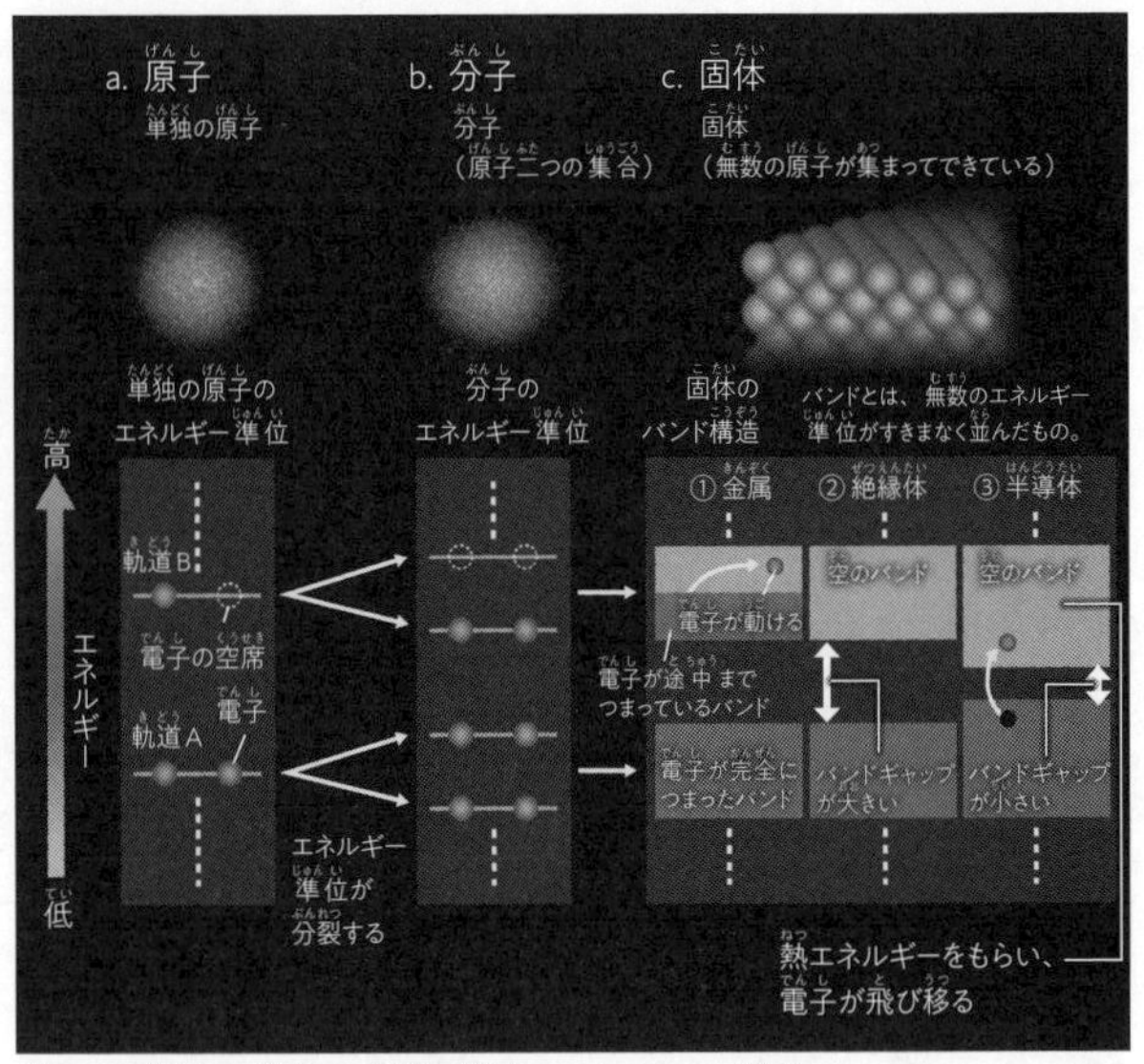

図5-4　原子、分子、固体の電子のエネルギー準位

原子二つが近づいて分子をつくると、電子のとりえるエネルギーは、それぞれ高低二つに〝分裂〟します。

そして今度は、原子がさらに集まった固体について考えます（図5-4、c）。電子のとりえるエネルギーは、さらに細かく分裂してほとんど重なり合ってしまい、線ではなく、ある幅をもつバンド（帯）としてあらわせます。

線だったものがまとまった帯になったわけです。バンドの間の部分をバンドギャップ（禁止帯）とよびます。電子は、バンドの中を動くことはできますが、バンドギャップの部分に存在することはありません。

固体の場合も、1個の原子や分子と同じように、電子はエネルギーの低い方のバンドから順番に埋まっていきます。

ここで金属の固体について考えてみます。金属では、電子が存在するバンドのうち、エネルギーが最も高いバンドが電子で完全に埋まっていない状態になっています。この場合、外から電圧をかけると、電子は自由電子としてバンドの中の〝空いたスペース〟を動くことができます。「電子の流れ＝電流」なので、このような物質は電流を流すことができるわけです。

次に、「絶縁体」や「半導体」を考えてみます。まず絶縁体では、電子が存在するバンドのうち、エネルギーが最も高いバンドは電子が完全につまっている状態になっています。この場合、いくら電圧をかけても電子が動かないので、電気が流れません。このような物質に電流を流すには、電子に大きなエネルギーをあたえて、さらに上の「空っぽのバンド」に電子を〝ジャンプ〟させなければなりません。しかし、バンドギャップが大きい物質では、〝ジャンプ〟させることはまず不可能です。このような物質が絶縁体です。

一方、半導体も絶縁体のように電子が存在するバンドのうち、エネルギーが最も高いバンドが電子が完全につまっている状態になっています。しかし、シリコン(Si)などは、一つ上の空のバンドとのバンドギャップが小さいという特徴をもっています。そのような物質の場合、温度を上げるなどすると、エネルギーをもらった電子がバンドギャップをこえて空のバンドに移動するといったことがおきます。すると、金属ほどではありませんが、多少の電流が流れます。また不純物をまぜることで、空のバンドに電子を〝注入〟して、電流の流れやすさを調節できたりもします。このような物質が半導体です。

このように、固体物質の性質を「バンド」にもとづいて考える物性物理学の理論を「バンド理論」とよびます。

半導体は、私たちの生活の中で大活躍しています。たとえばダイオードやトランジスタは、いくつもの種類の半導体を組み合わせてつくられています。これらを多数、コンパクトに集めたものが、コンピューターの心臓部であるＩＣ（集積回路）です。ＩＣは、パソコンやスマートフォンにかぎらず、今ではさまざまな家電製品などにも搭載されている、必要不可欠な部品です。

また、光が当たることで電気が通る半導体は、光の検出に使うことができます。実際に、半導体を用いた光やＸ線の検出素子が開発されています。半導体Ｘ線検出素子は、当たったＸ線のエネルギーを精度よく測定でき、宇宙のＸ線を観測する衛星にも搭載されています。

さらに、光を検出する半導体をたくさん並べて、どれに光が当たったかを判別する機構を組みこむと、画像を撮影する素子になります。その応用例であるCCDは、カメラや携帯電話、自動車、ドローンなど、幅広く利用されています。

また、光を受けて高いエネルギーを得た電子を、半導体の外に流すことで、太陽電池として利用することもできます。太陽電池は燃料を必要としないので、人工衛星や惑星探査機など、地球の外にも応用が広がっています。

これらはすべて物性物理学、ひいては量子論の賜物だといえるでしょう。

渡り鳥は量子もつれを利用しているのかもしれない

近年、量子生物学あるいは量子生命科学という、量子論を使って生命現象を解き明かそうとする研究分野が注目されています。

たとえば渡り鳥やウミガメなど、何千キロメートルも旅をする生物の中には、地磁気を感じる能力をもつものがいます。地磁気を感じとって方向を知ることで、目的地に迷わずたどり着くことができるのです。

渡り鳥の一種である「ヨーロッパコマドリ」は、独特の方法で地磁気を感じると考えられています。ヨーロッパコマドリの網膜にある「クリプトクロム」というタンパク質は、青い光を受けると「量子もつれ」状態にある電子のペアをつくりだします（第4章）。

電子は「スピン」とよばれる性質をもっています。量子もつれ状態の電子のペアは、全体としてスピンが打ち消し合うこともあれば、強め合うこともあります。そして、打ち消し合うペアと強め合うペアのどちらが多いかが、周囲の磁気の影響によって決まるというのです。このように、量子論で説明される網膜での変化によって、ヨーロッパコマドリは地磁気を検知しているのではないかと考えられています。

この機構はまだ実証されたわけではなく、量子論を用いなくとも磁場を感じる能力を説明できるという考えもあります。しかしこの現象は、量子論が思ったよりも身近にある可能性を示唆しています。

またほかにも、植物や細菌が行う光合成の謎を量子論で解明しようという研究もあります。光合成の反応は、植物の葉緑体の中にあるクロロフィルという色素が光を受け取ることからはじまります。

あるクロロフィルが受け取ったエネルギー（励起エネルギー）は、次々と周囲のクロロフィルを伝わって移動し、最終的に反応中心とよばれる場所に集められます。このとき、１００％に近い効率で反応中心にエネルギーが集められます。いったいどうやってエネルギーを反応中心に運ぶルートが選ばれるのか、そしてなぜ、このような高いエネルギー変換効率が実現できるのか、そのしくみは不明でした。

2007年、ある論文が発表されました。その研究によると、ある細菌の光合成において、クロロフィルで受け取ったエネルギーは、反応中心に伝わるまでに、波として同時に複数の経路を通っている可能性が示されたのです（図5-5）。これは科学者の間に大きな議論をよぶ結果でした。このようなしくみによって、"迷う"ことなく励起エネルギーは必ず反応中心にたどり着けるというのです。ただし、この考えには反論もあり、まだ仮説の段階です。

このように生物における量子論効果の利用などについて研究する分野を「量子生物学」といいます。量子生物学が対象としている生命現象は、遺伝現象や嗅覚・視覚のメカニズム、酵素の反応機構など多岐にわたります。

いずれ量子生物学は、生命の起源と進化、意識の問題など、より根源的な問いに答えていくかもしれません。最先端の量子技術と量子論を駆使した生命科学によって、生命の本質にせまることが期待されています。

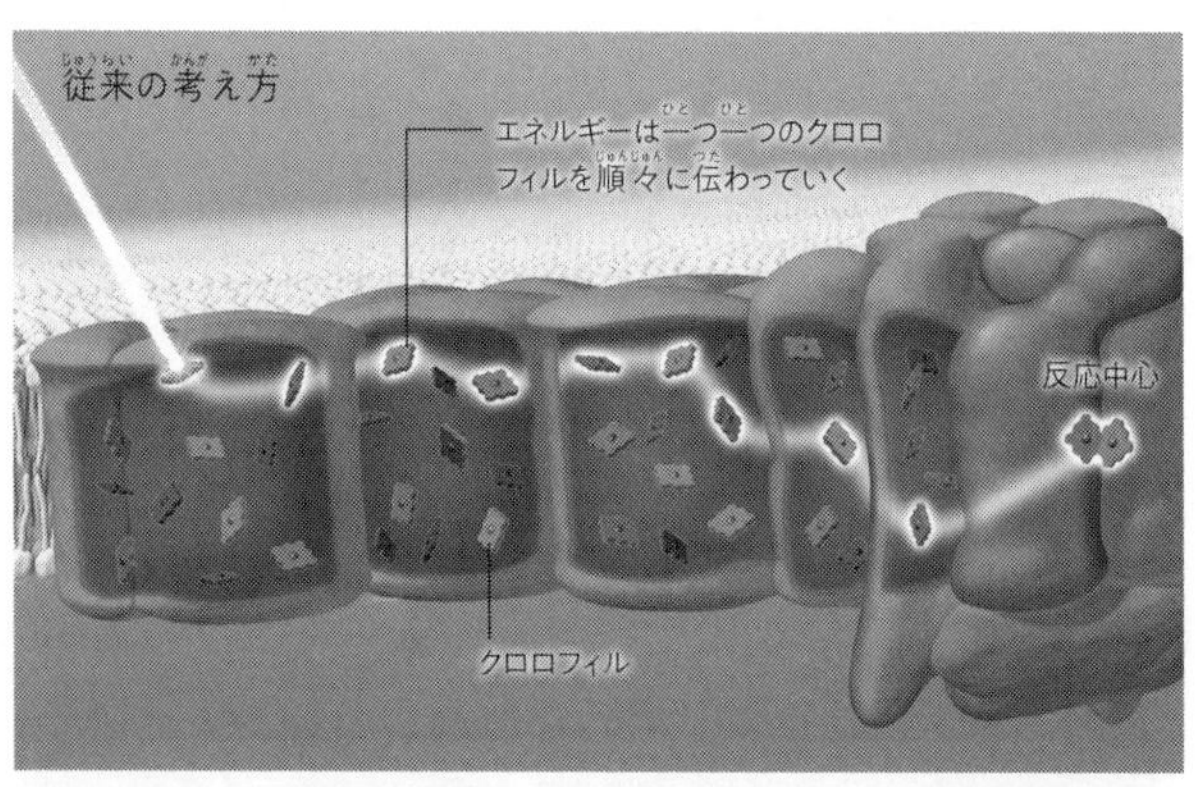

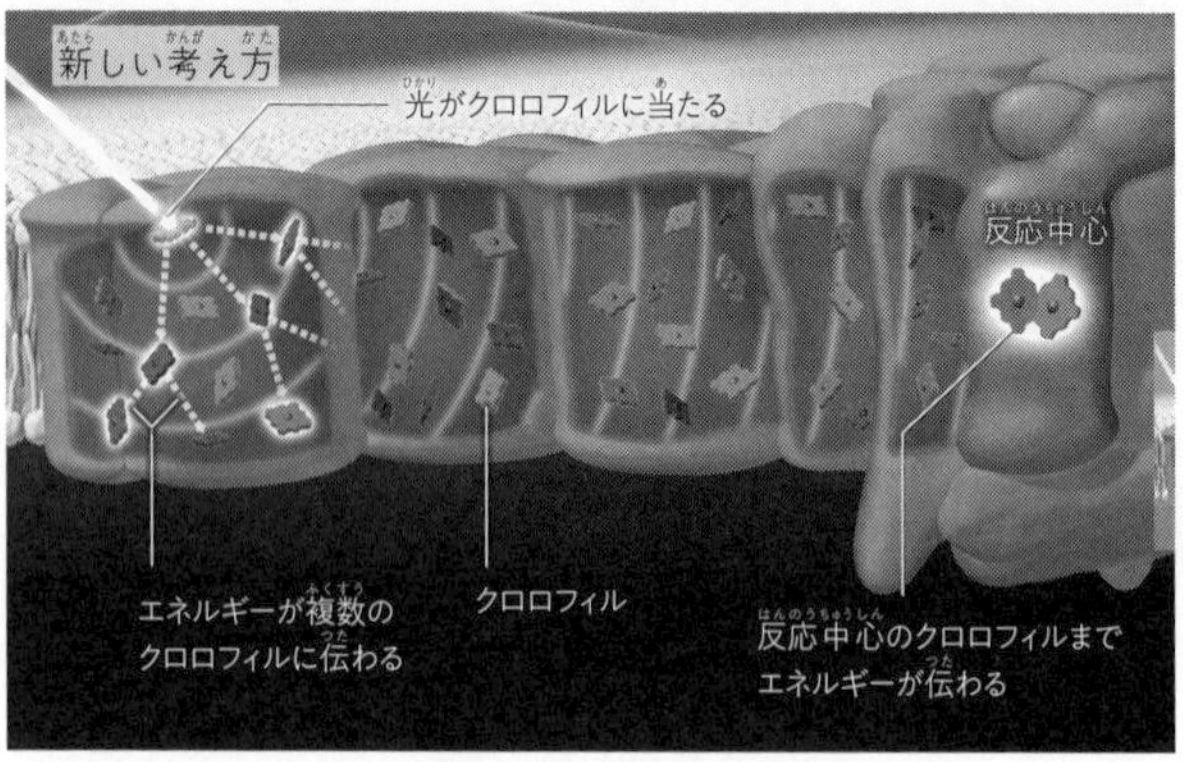

図5-5　クロロフィルを伝わっていくエネルギー

自然界の四つの「力」

　ここまでは、身のまわりで量子論がどのように応用されているのかを見てきました。ここらかは、現代物理学の中で量子論がどのような役割をになっているのかを紹介していきましょう。

　量子論は、電子や原子核など、物質の極限の姿を明らかにしたといえます。さらに量子論は、その後、「力」のしくみを明らかにする方向にも発展していきます。物質と力のしくみの両方を解明できれば、自然界の根本原理を知ることができます。これは物理学の究極の夢だといえるでしょう。

　量子論は、電子などの物質を構成する粒子がもつ、波の性質を明らかにしました。そしてその後、それまで波と同じような伝わり方をすると考えられていた力も〝粒子的〟にとらえられることを示しました。

量子論では力を粒子のキャッチボールで説明します。ただしここでの粒子とは量子論的な粒子であり、電子のように「波と粒子の二面性」をもちます。

力を粒子のキャッチボールで説明するといっても、なかなかイメージができないでしょう。まずはたとえとして、二つのボートの間でキャッチボールをすることを考えましょう。

まず、ボートの一方からボールを投げると、その反動で投げた人のボートは後退します。一方ボールを受け取る側も、受け取った反動でボートが後退します。二人はおたがいに遠ざかるので、キャッチボールによって二人の間には反発力がはたらいたとみなせるでしょう(図5-6)。

さらに、図のように二人が反対向きでブーメランを投げ合うと、今度は二人は反動によって接近します。これは引き合う力、つまり引力がはたらいたとみなせます。

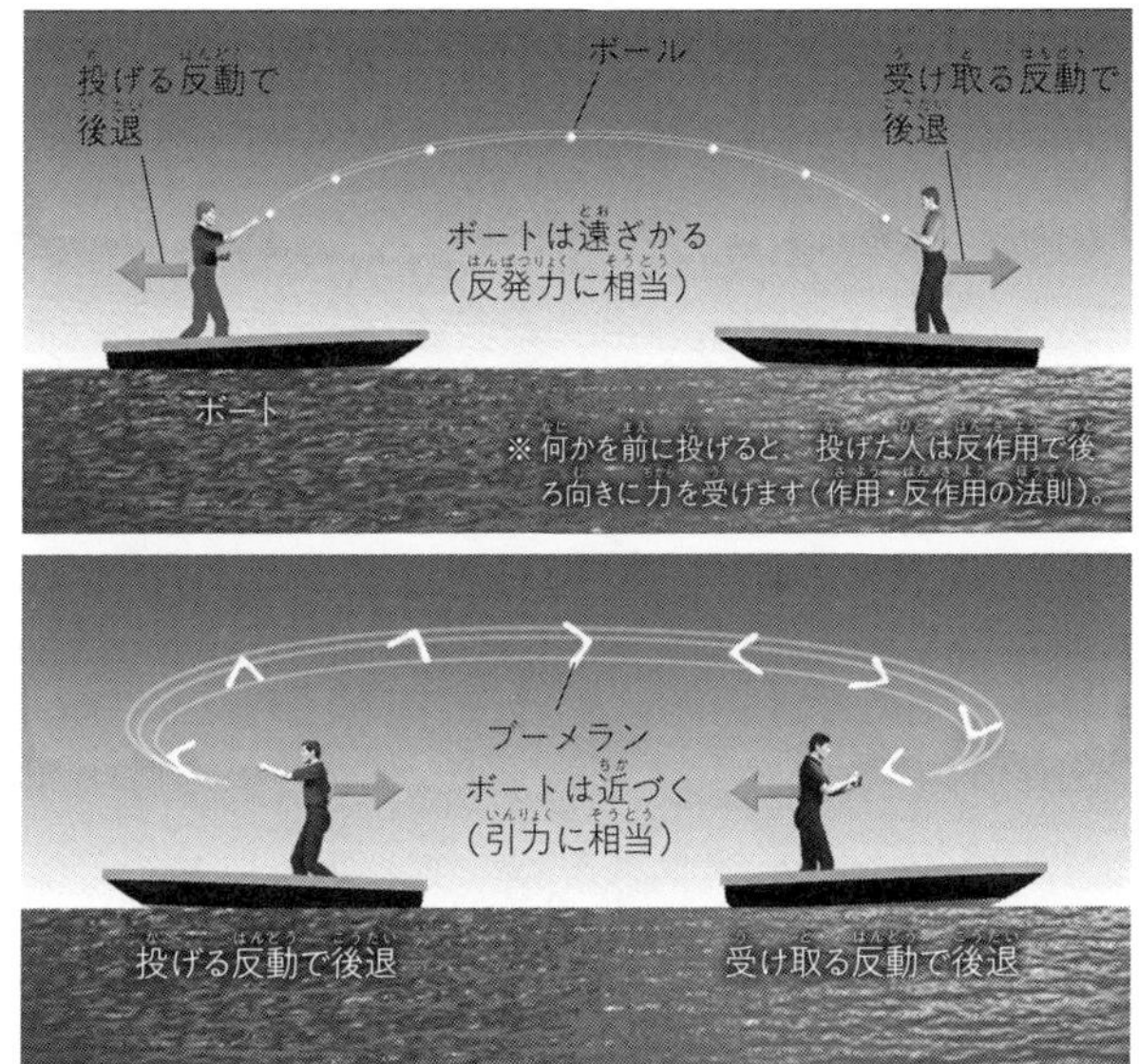

図5-6　二つのボートの間でのボールとブーメランのやりとり

これらの例はあくまでたとえであって、量子論における「力」の正しい説明とはいえません。ですが、「粒子のキャッチボール（放出と吸収）で力を説明する」というのをイメージすると、こういうことになります。

さて、私たちの身のまわりにはさまざまな力がありますす。しかし、自然界のあらゆる力はたった四つの力で説明できると考えられています。それが、電磁気力、弱い核力、強い核力、重力です。四つの力は、それぞれことなる粒子のキャッチボールによって伝えられます。

四つの力について一つずつ紹介しましょう。まず電磁気力は、電気の力と磁気の力（磁力）のことです。プラスの電気が引き合ったり、磁石のN極とS極が引き合ったりするときの力です。私たちに身近な力の一つですね。

この電磁気力は、光子によって伝えられると考えられています。光子は、光の粒子である、あの光子です。

量子論によると、電子はつねに光子を吸ったり吐いたりしています。そして、ある電子が放出した光子を別の電子が吸収すると、電子どうしに反発力が生じます（図5－8）。

磁石も同じです。磁石のN極やS極からは、たくさんの光子が出ており、この光

図5-8　光子をやりとりする電子

子が別の磁石のN極やS極に吸収されると、引力や反発力が発生するのです。

さて、四つの力のほかの力はどのような力でしょうか。四つの力の二つ目、弱い核力（弱い力）は、ミクロの世界ではたらく力です。たとえば放射性物質の原子は、原子核が不安定なため、放射線を出して崩壊し、別の原子核に変わってしまうことがあります。これをベータ崩壊といいます。このベータ崩壊を引きおこすのが弱い核力です（図5-9）。

放射性元素の一つである炭素14の原子核は、弱い力によってベータ崩壊し、窒素14に変わります。このとき、炭素14の中性子の一つが、陽子に変わってしまいます。この変化を引き起こすのが、弱い核力です。

弱い核力を伝える粒子は、「ウィークボソン」とよばれます。ベータ崩壊で、中性子が陽子になるとき、ウィークボソンという粒子を放出するのです。エネルギーが小さいとき、このウィークボソンはすぐさま電子とニュートリノに変わります。

さて、三つ目の力は強い核力です。強い核力は、陽子や中性子を原子核の中で強く結びつけている力です。陽子はプラスの電気を帯びていて、中性子は電気を帯びていません。電気がプラスとゼロのものを集めても、ばらばらになってしまうはずです。それを一つにまとめ上げているのが強い核力です。陽子と中性子の間で、「中間子」という粒子をキャッチボールすることで伝えられます。

最後の四つ目は、重力です。重力は、地球が地上の物体を引き寄せたり、天体どうしが引き付け合ったりする力です。私たちが実際に感じることができる、身近な

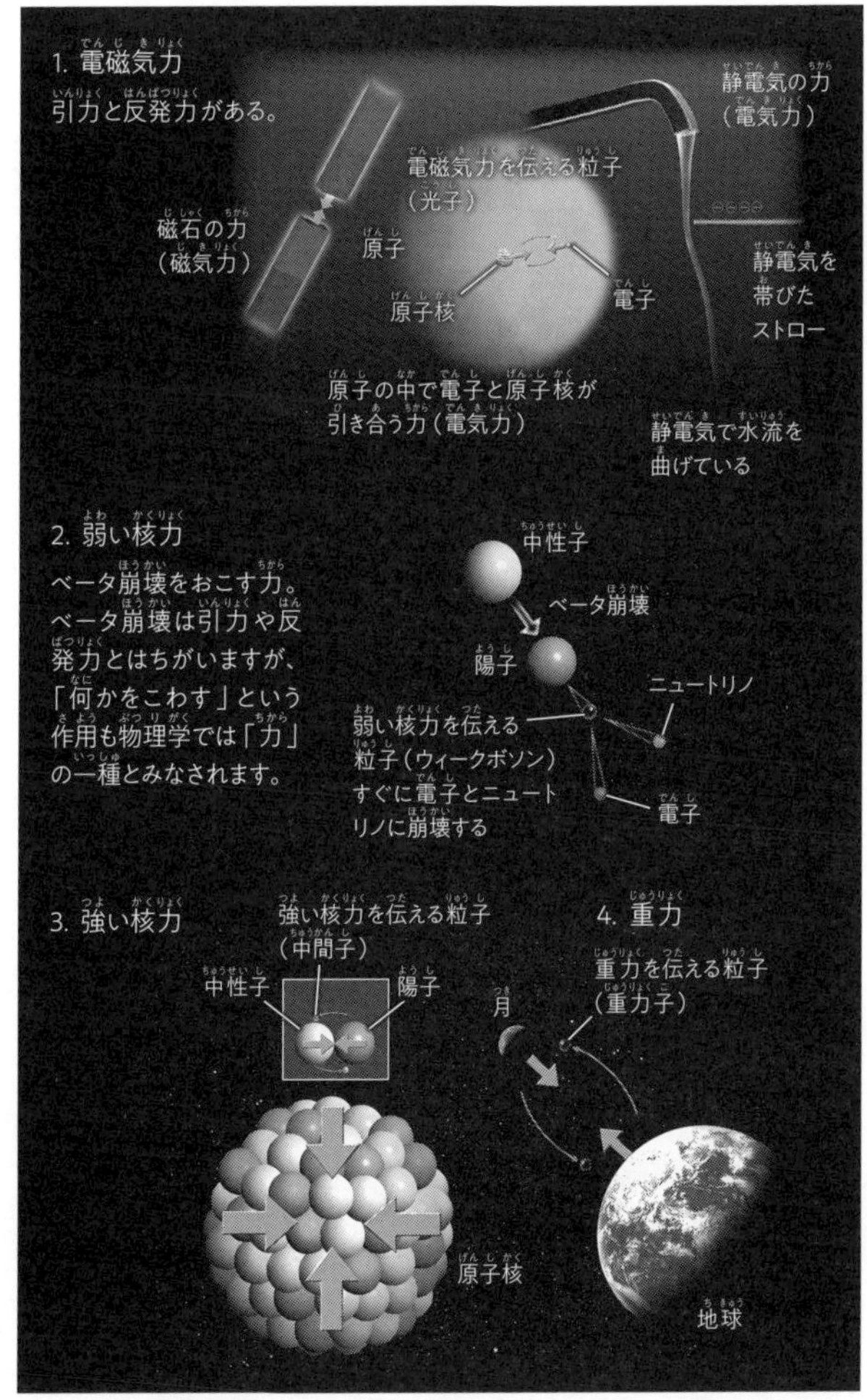
1. 電磁気力
引力と反発力がある。
静電気の力
（電気力）
電磁気力を伝える粒子
（光子）
磁石の力
（磁気力）
原子
原子核
電子
静電気を
帯びた
ストロー
原子の中で電子と原子核が
引き合う力（電気力）
静電気で水流を
曲げている
2. 弱い核力
ベータ崩壊をおこす力。
ベータ崩壊は引力や反
発力とはちがいますが、
「何かをこわす」という
作用も物理学では「力」
の一種とみなされます。
中性子
ベータ崩壊
陽子
ニュートリノ
弱い核力を伝える
粒子（ウィークボソン）
すぐに電子とニュート
リノに崩壊する
電子
3. 強い核力
強い核力を伝える粒子
（中間子）
中性子
陽子
原子核
4. 重力
重力を伝える粒子
（重力子）
月
地球

図5-9　四つの力

力ですね。

重力は、「重力子」という粒子のやりとりで伝えられると考えられています。しかし、重力子は未発見です。また、重力をのぞく三つの力については、量子論で説明することに成功していますが、重力だけは量子論であつかうことができません。重力をいかにしてあつかうかは、現代物理学の大きな課題だといえます。

アインシュタインが考案した重力理論「一般相対性理論」

重力をあつかう理論には、一般相対性理論があります。一般相対性理論は、アインシュタインが構築した理論で、量子論と並ぶ現代物理学の土台です。ここで少し、この一般相対性理論について説明しましょう。

一般相対性理論は、時間と空間、そして重力についての理論です。この理論では、質量をもつ物のまわりの空間はゆがんでいて、この空間のゆがみが重力の正体であると考えます。空間のゆがみが物体に影響をおよぼして、その物体を移動させるのです。

空間を、ゴムのシートのようなものだと考えるとイメージしやすいもしれません。このゴムのシートの上に二つの球を少しはなして置くと、ゴムのシートがのびてゆがみ、球が近づいていきます。これと同じように、重力は質量をもった物体が空間を曲げることで引きおこされる現象だと考えられるのです（図5-10）。

たとえば、地球や太陽のまわりの空間もゆがんでいます。地球が太陽のまわりをまわるのは、この空間のゆがみのせいです。地球はまっすぐ進もうとしているのに、空間が曲がっているから、進路が曲がってしまうのです。

人や机、あらゆる物体の周囲では空間がゆがみます。しかしそれらの重さくらいでは、空間のゆがみを実感するのはむずかしいです。

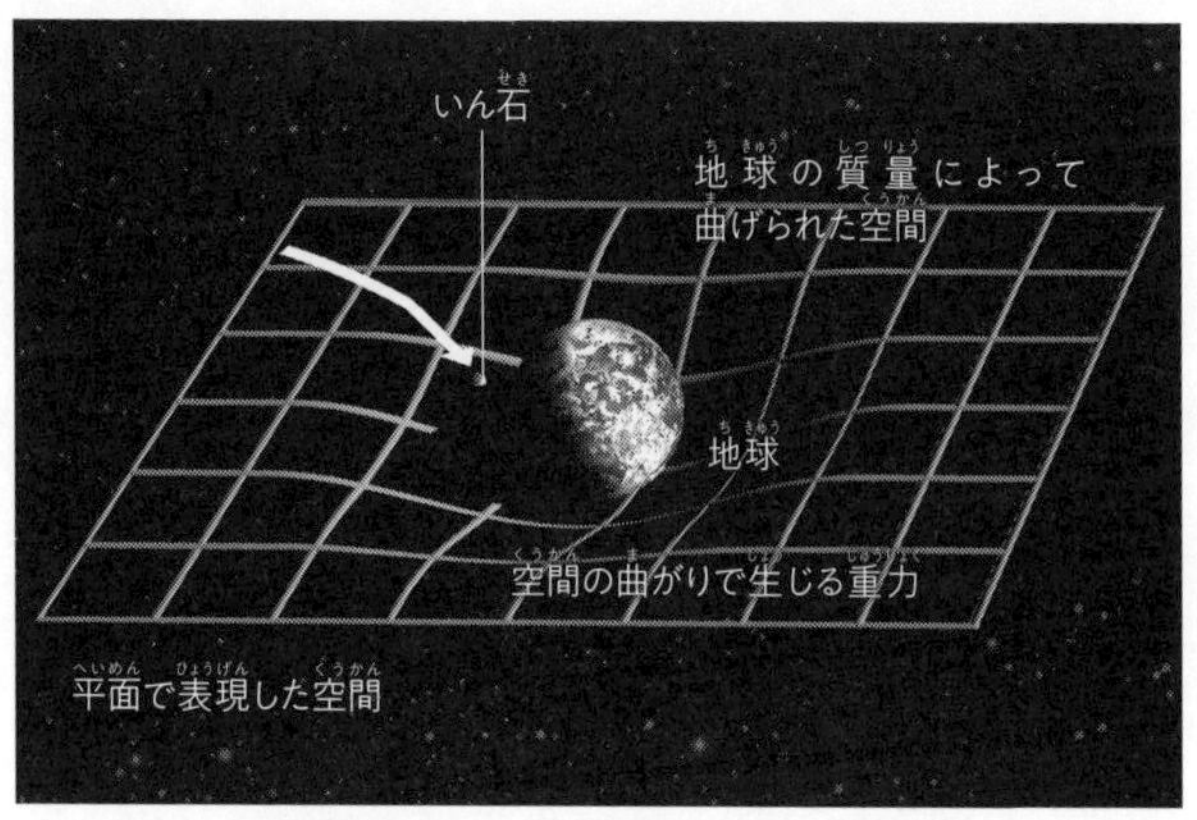

図5-10　一般相対性理論による空間のゆがみ

しかし恒星や銀河レベルの巨大な質量になると空間のゆがみが大きくなります。すると、空間のゆがみに沿って光が曲げられる現象が確認できます。このような現象は、重力源がレンズのように光の進路を曲げることから、重力レンズ効果といわれています。

一般相対性理論では、空間と時間は切りはなせないものだと考えます。ですから、質量をもつ物体のまわりでは、空間だけではなく、時間の進み方もゆがんでしまうと考えられます。つまり、重力が強い場所ほど、時間がゆっくり進むのです。

たとえば、地球の重力は標高が高くなるほど、わずかに小さくなっていきます。

つまり、標高が高いほど、時間の進みが早くなると予測されるわけです。実際に、地表と標高634メートルの東京スカイツリーの展望台で時間の進み方を比較したところ、1日あたり10億分の4秒ほど時間の進み方にズレがあることが確認されています。

ちなみに、スマホの地図アプリなどで使われているGPSでは、一般相対性理論の影響が考慮されています。GPSは、衛星からの電波の発信時刻と、地上の受信機(スマホなど)の受信時刻の差から位置を特定するシステムです。相対性理論の影響によって生じる衛星と地上での時間のずれが誤差を生むため、その効果が補正されているのです。

さて、脱線しましたが、ともかく一般相対性理論は、天体のような大きな規模の現象をあつかう重力の理論だということを頭に置いておいてください。

量子論と一般相対性理論の融合が期待されている

量子論は重力をあつかうことができません。一方、重力の理論である一般相対性理論は、宇宙規模のマクロなサイズをあつかう物理理論です。そのため、一般相対性理論では、ミクロな世界についてうまく計算を行うことができません。

そこで、重力を量子論の枠組みでとらえ直す「量子重力理論」とよばれる理論の構築に研究者たちは取り組んでいます。量子重力理論の完成は、量子論と一般相対性理論の融合を意味します。しかし、世界中の物理学者たちが長い間、挑戦をつづけながら、いまだ融合させることに成功していません。

一般相対性理論は1915年ごろにつくられましたが、この時期は、まさに物理学者たちが試行錯誤しながら量子論を構築していたころでした。そのためアインシュタインは一般相対性理論をつくるにあたって、量子論を考慮していませんでした。はじめに、ニュートン力学について説明したときに、量子論以前の物理学のことを古典論（古典物理学）とよぶと説明しました。その意味では一般相対性理論も量子論を考慮せずにつくられているため、古典論だといえます。

さて、量子論と一般相対性理論を融合するには、重力を「波の性質をもちながら、同時に粒子の性質をもつもの」すなわち重力子を使って考え直さなければなりません。ところが、これが難問で、まだ成功していないのです。

量子論と一般相対性理論を融合させた量子重力理論の最有力候補として長年、注目されているのが「超ひも理論（または超弦理論）」とよばれる理論です。この理論は、電子などの素粒子を「ひも」で考え直す理論です。１９８０年代以降、理論上、多くの成果をあげてきましたが、いまだ完成にはいたっていません（図５

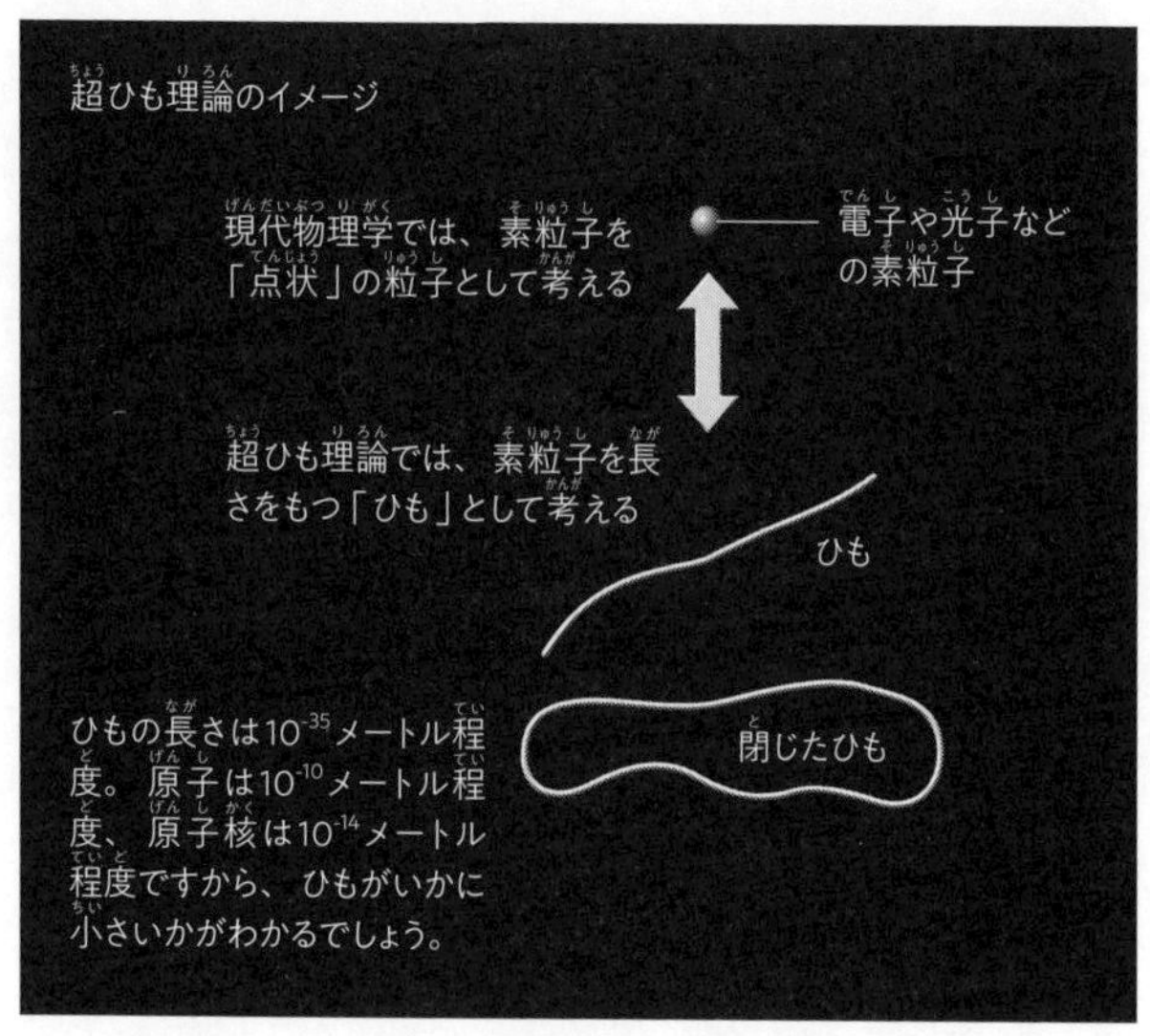

図5-11　素粒子の正体をひもと考える超ひも理論

－11）。

二つの理論を統合する有力候補「超ひも理論」

量子論と一般相対性理論を統合した理論になる可能性をひめた、超ひも理論とは、どういう理論でしょうか。

超ひも理論では、この世界の根元である素粒子を点状の粒子として考えずに、長さをもつ「ひも」として考えます。素粒子とは、電子など、物質を構成する最小の粒子のことです。

素粒子がひもだといっても現実のひもを思い浮かべてはなりません。あくまで、量子論の世界ではじめて成り立つもので、長さだけがあって太さがない奇妙なひもです。ひもの長さは10^{-35}メートルほどです。これは1センチメートルの1億分の1の、1億分の1の、1億分の1の、さらに10億分の1という小ささです。どんな高性能な顕微鏡を使っても、ひも自体を見ることはできません。

超ひも理論は、ミクロな世界の理論である量子論と、マクロな世界の重力理論である一般相対性理論を統合する究極の理論として有望視されている未完成の理論です。すべての素粒子と、その間にはたらく力（相互作用）、そして時間と空間とを、一つの枠組みの中であつかう理論であり、万物の理論とも形容されます。

超ひも理論では、ひもの振動のようす、いいかえれば、ひもの上に生じる〝波〟

の形が変わると、私たちには、ちがった種類の素粒子に見えると考えます。この理論が正しければ、ひもとその〝波〟が、自然界のあらゆる物を生み出していることになります。自然界は波に支配されているといっても過言ではないのかもしれません。

二大理論の統合で解明が期待される宇宙の誕生

量子論と一般相対性理論を融合した「量子重力理論」が完成すれば、宇宙誕生の謎の解明にもつながるのではないかと期待されています。

現在、宇宙は膨張をつづけていることがわかっています。つまり、時間をさかのぼれば、過去の宇宙は今よりもずっと小さかったことになります（図5-12）。

宇宙は今から138億年前に誕生しました。誕生直後の宇宙は、原子よりもさ

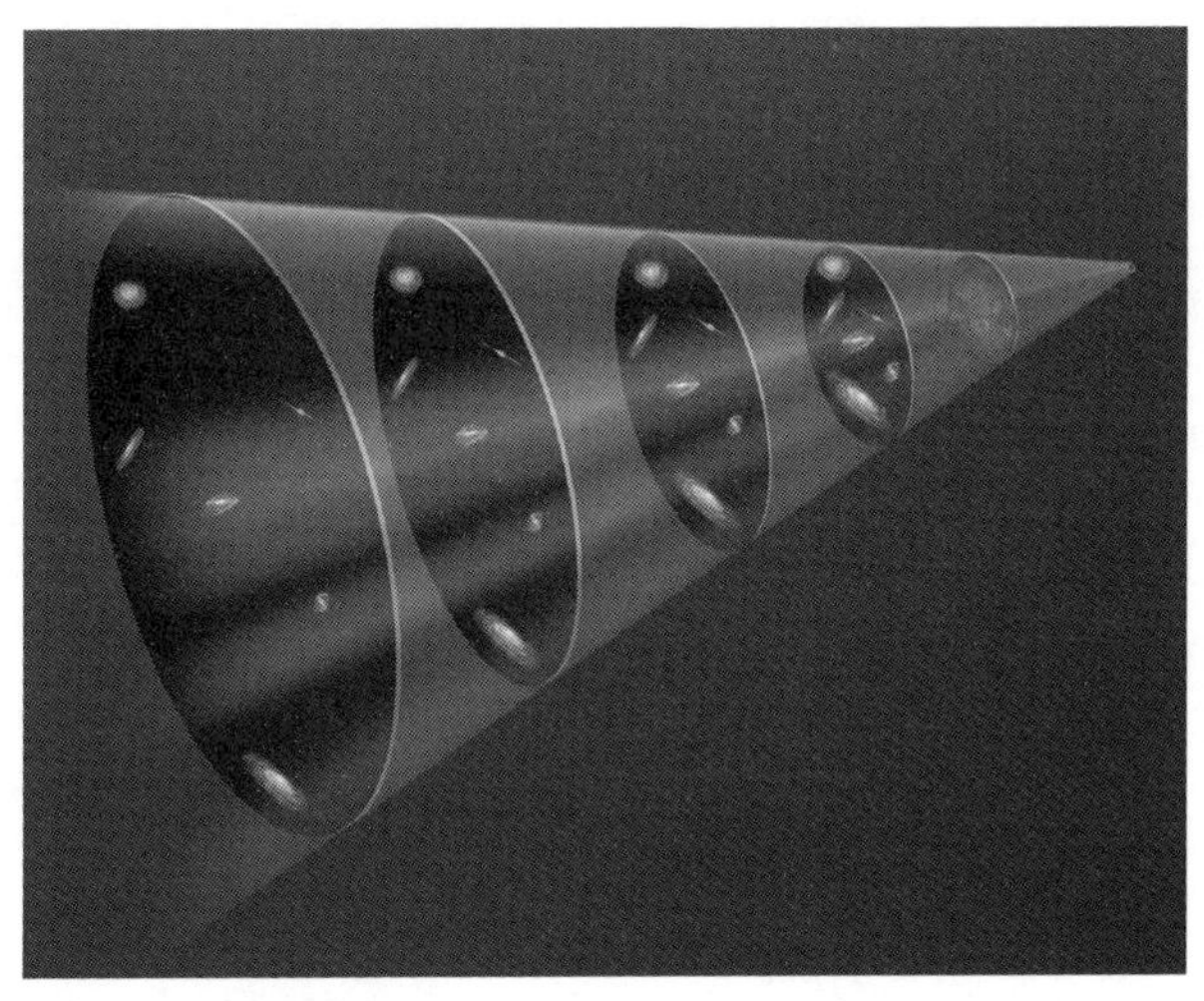

図5-12　膨張する宇宙

らに小さいミクロな世界だったと考えられています。そうなると宇宙といえども一般相対性理論だけでなく、量子論も使って考えなければなりません。

宇宙はいったいどうやって誕生したのでしょうか。大昔のミクロな宇宙は十分には解明されていませんが、宇宙は「無」から誕生した、というのが有力な仮説の一つです。

これが1982年にアレキサン

ダー・ビレンキン博士によって提唱された〝無〟からの宇宙創生論です。無というのは、単に物質が存在しない空っぽの空間とはちがいます。イメージすることがむずかしいですが、物質どころか空間や時間（時空）すら存在しない状態が、ここでいう無なのです。

量子論によると、無といえどもゆらいでおり、完全な無でありつづけることはできないことになります。

ビレンキン博士は、このような無は、量子論にもとづいたトンネル効果をおこして、有限の大きさをもつミクロな宇宙に移り変わる可能性があることを理論的に示しました。これが宇宙の誕生だというのです。

トンネル効果によって生まれたミクロな宇宙はすぐにインフレーションとよばれる急激な膨張をおこし、私たちの宇宙へと成長したと考えられています。

ビレンキン博士は、量子論と一般相対性理論を使って〝無〟からの宇宙創生の可能性について論じました。しかし、ミクロな宇宙を真に理解するには、量子論と一般相対性理論を融合させた量子重力理論が必要だと考えられています。しかし量子重力理論は残念ながら未完成です。〝無〟からの宇宙創生について、人類が真の理解に到達するためには、もう少し時間がかかるようです。

この宇宙にはパラレルワールドが存在しているのかもしれない

第3章で量子論の解釈の一つであるコペンハーゲン解釈を紹介しました。電子は波として広がって存在していて、観測すると位置が1点に定まる、という考え方です。しかし量子論には標準的なコペンハーゲン解釈のほかにもいくつか解釈があります。その一つである「多世界解釈」をここで紹介しましょう。

多世界解釈では、私たちが暮らす世界はただ一つではなく、無数の並行世界（パラレルワールド）が存在していると考えます。まるでSFのように思われるかもしれませんが、この宇宙は、約１３８億年前に誕生した直後から枝分かれをはじめ、それをくりかえしてきた、というのが量子論の「多世界解釈」です。私たちが暮らしている世界は、その無数に枝分かれした世界の一つだと考えるのです（図5-13）。量子論から、なぜこのような考えが出てきたのでしょうか。

原子や電子などのミクロな物質には、同時に複数の状態をとれるという、常識では考えられないような不思議な現象がおきることは

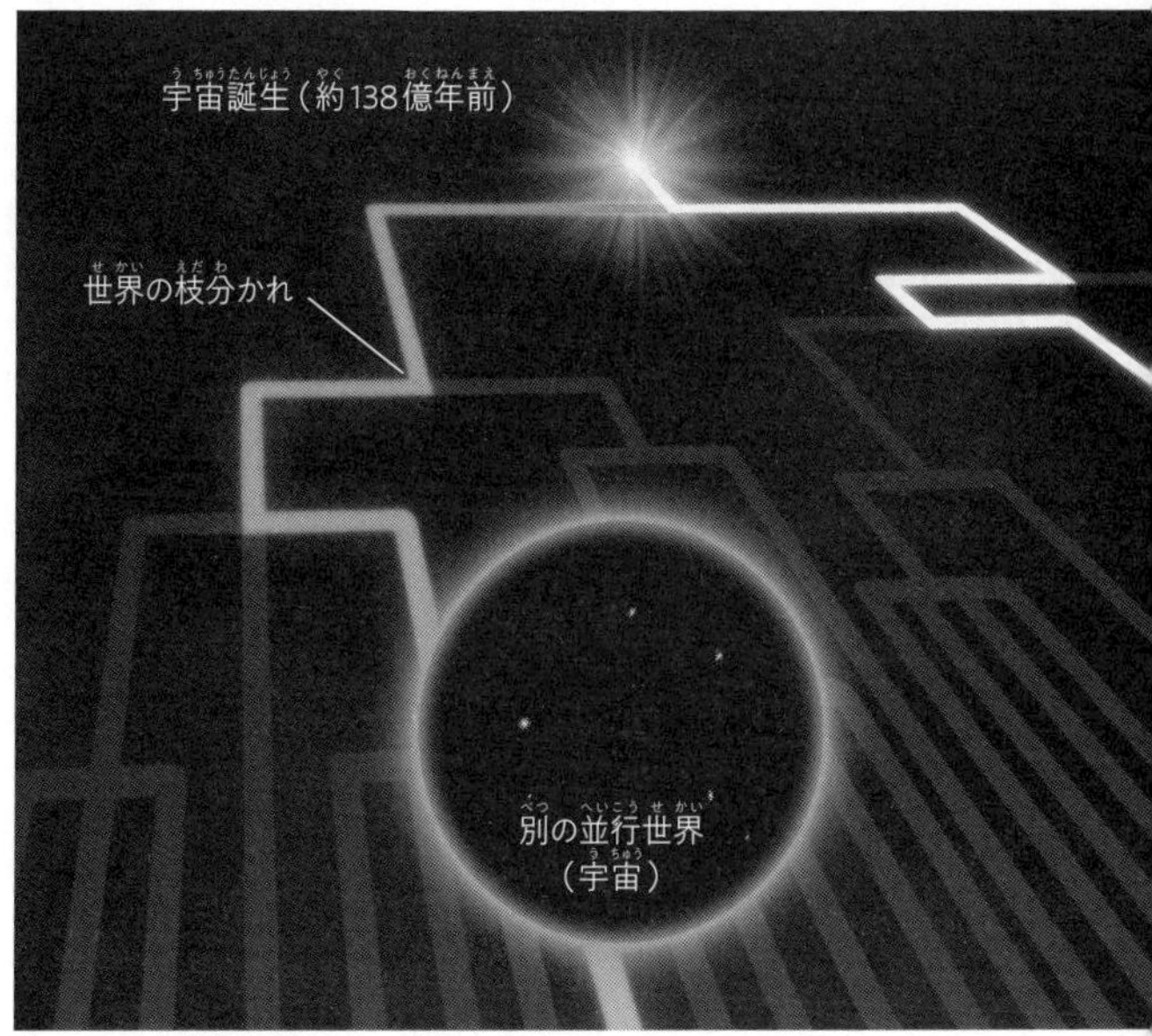

図5-13　多世界解釈による世界の枝分かれ

説明しましたね。たとえば、1個の電子をスクリーンに向かって発射すると、電子はスクリーン上の広い範囲のどこか1点に衝突します。このとき、どこに衝突するかは事前にはわかりません。

コペンハーゲン解釈では、電子が波として広がって進み、スクリーンに衝突して観測した瞬間に位置が1点に決まるのだと考えます。衝突地点以外の波は世界から消滅してしまうわけです。

一方「多世界解釈」では、1点を残して波が消滅するとは考えません。電子は衝突する可能性があるすべての場所に衝突すると考えるのです。

しかし実際には、スクリーンには1点しか電子の痕跡は残りません。そこで、多世界解釈では、電子の衝突地点ごとに別々の世界に分かれると考えるのです（図5-14）。

枝分かれした無数の世界は、消滅せずに同時並行で存在しています。世界のあらゆるものが一緒になって枝分かれしますから、あなた自身も複数の世界に分かれて存在することになります。あまりにも突飛すぎて信じられないかもしれません。しかし多世界解釈は真面目に科学的に議論されています。

コペンハーゲン解釈では、波の性質をもつミクロな物質を観測すると、一瞬で波の性質が失われ、位置が1点に確定すると考えられました。このような量子論の解

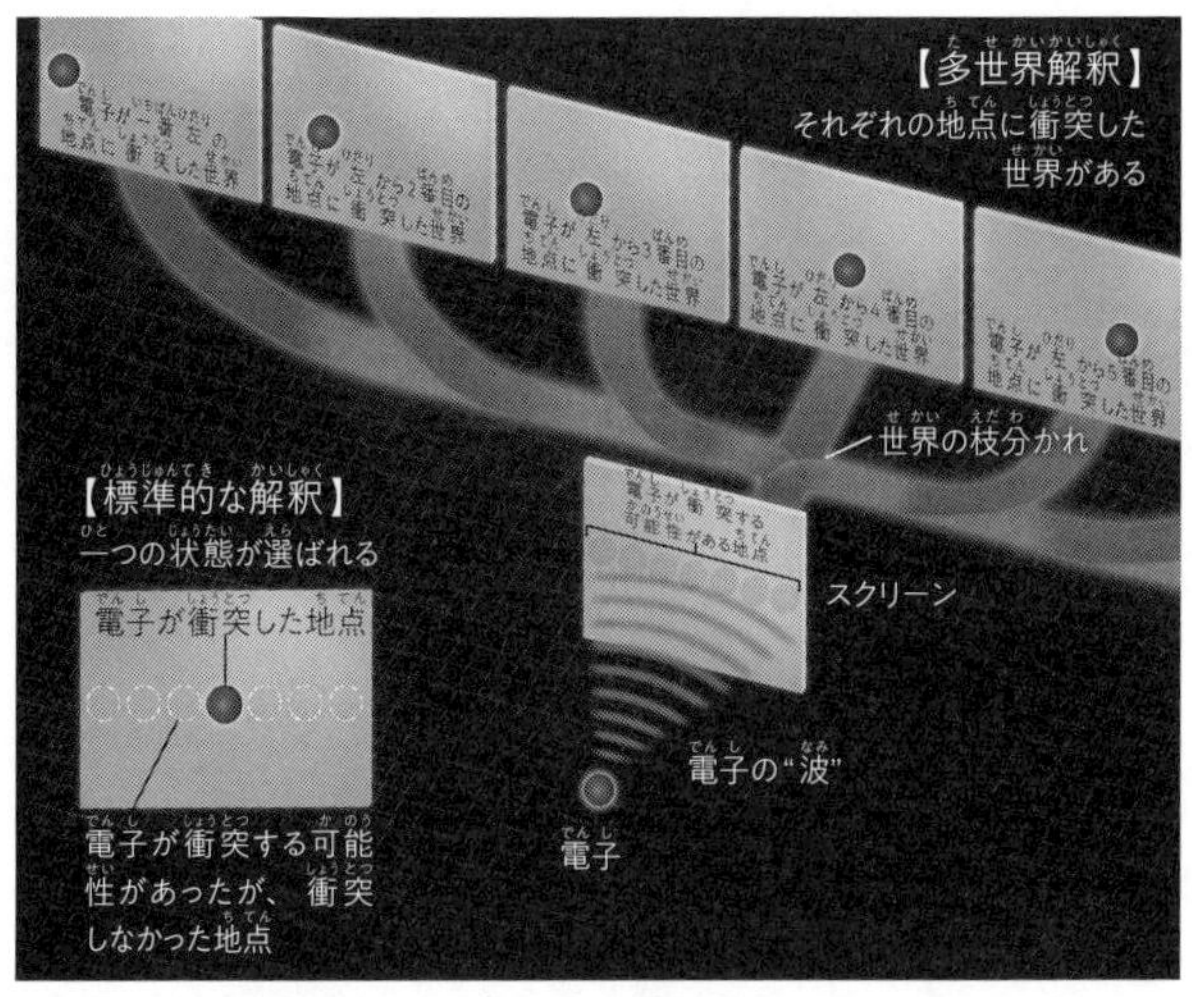

図5-14　多世界解釈による電子の照射実験

釈は、広く受け入れられていきました。

しかし、アメリカ、プリンストン大学の大学院生、ヒュー・エヴェレット3世（1930〜1982）は、このような標準的な量子論の解釈に疑問をもちました。そして、1957年、博士論文の中で、観測によって1点を残して波が消滅することなく、可能な状態がすべて重なり合いつづけると主張しました。

エヴェレットの斬新なアイデアはなかなか受け入れられませんでした。しかし1970年代以降、量子論を宇宙に適用しようとする量子宇宙（量子宇宙論）の研究者の間でエヴェレットの考え方が支持を広げていきました。宇宙について考えるうえでは、多世界解釈は受け入れやすかったのです。

たとえば、シュレディンガーのネコの話を思い出してください。ネコが入った箱がふつうの大きさならば、観測者は箱の外から中を観測できます。でも、この箱をどんどん大きくして宇宙全体と同じ大きさになったら、どうやって外から観測すればよいのでしょうか。

一般的に「宇宙の外側」などないと考えられていますから、宇宙全体を外から観測することはできません。つまり、宇宙全体の状態を確定させることができなくなります。「外の観測者」を必要とする考え方は、最終的にどうしても破綻が生じてしまうのです。そのため、標準的な解釈は、量子宇宙と相性が悪いといえます。

一方、多世界解釈では、このような破綻は生じません。そのため、量子宇宙の研究者を中心に、多世界解釈は支持を広げていきました。

ただし、標準的なコペンハーゲン解釈も、多世界解釈も、量子論の枠組みから逸脱するものではありません。一瞬でそれまでの状態が変化するという概念を受け入れるか、世界が無数に枝分かれする多世界の概念を受け入れるか、というちがいだといえます。

多世界解釈によると、どういうときに世界は分岐するのでしょうか。まず、ミクロな物質が、複数の状態が共存した状態（重ね合わせの状態）になることが必要です。その後、観測などがおこなわれたときに、世界は分岐します。先ほどの電子をスクリーンにぶつける実験では、スクリーンに電子が衝突したときに状態が決まって、世界が分岐するわけです。ただし、どれくらいの頻度で世界が分岐しているのかはよくわかりません。たとえば、身のまわりではたくさんの化学反応がおきているわけですが、そのような反応の中に、世界を分岐させるきっかけとなるようなものがあるかどうかは、よくわかっていません。

また、世界が分岐しても、分岐したことを確かめることはむずかしいと考えられています。なぜなら、分かれてしまったあとの世界は、おたがいに干渉することがなくなり、独立して歴史をきざみつづけることになると考えられているからです。

数日前に分岐した別の世界で暮らすあなたは、この世界のあなたとほとんど変わらない生活をしているかもしれません。数年前に分岐した別の世界のあなたは、大金持ちになっていたり、病気にかかって入院したりしている可能性もあります。しかし残念ながら、枝分かれしてしまった別の世界を認識することは不可能です。

検証実験はいくつか提案されていますが、今のところ多世界解釈の正しさを実証することは不可能だといえるでしょう。

第6章

量子論を応用した未来の技術

量子論を応用することで、未来のコンピューターや情報通信技術の開発が進められています。超高速計算を可能にする「量子コンピューター」、絶対に盗み見られることのない「量子暗号」、そして秘匿性の高い通信技術「量子テレポーテーション」。これらの最先端技術を見ていきましょう。

超高速計算を可能にする「量子コンピューター」

最後のこの第6章では、量子論を応用した最先端の技術について説明しましょう。最初に紹介するのは、開発が進められている「量子コンピューター」です。

量子コンピューターとは、電子などのミクロな物質が同時に複数の状態をとる「重ね合わせ」を利用して計算を行う、特殊なコンピューターです。重ね合わせを使うことで、多数の計算を同時に行うことができるのです。量子コンピューターが実現すれば、既存のコンピューターを圧倒的に上まわる計算速度でさまざまな問題が解けるようになると期待されています。

そのため、IBMやGoogleなどの世界的企業がきそって量子コンピューターの開発を進めています。まずは私たちが今、使っているコンピューターについて、少し説明しましょう。

ふだん持ち歩いている小さなスマートフォンから、一部屋使ってしまうような巨大なスーパーコンピューターにいたるまで、コンピューターの基本的な処理のしくみはどれも同じです。それは「『0』と『1』を一定のルールにもとづいて次々と処理する」というものです。コンピューターでは、数も文字も画像も音声も、すべての情報が0と1で表現されます。

たとえば、「N」という文字は「1001110」といったぐあいに表現されます。

0と1はコンピューター内の情報の最小単位であり、ビットとよばれます。「N」

は7個の0と1で表現されますから、コンピューター内では7ビットを使って「N」を表現しているわけです。

通常のコンピューターは、0と1を電気信号の有無と対応させています。つまり、「電気信号なし＝0」、「電気信号あり＝1」といったぐあいです。コンピューターはメモリー上のビットの情報を、1秒間に何億回という高速で書きかえるなどして、さまざまな計算や、画面上への文字や動画の表示といった処理を行っているのです。

一方の量子コンピューターも、ビットを次々と処理することで計算などを行います。その点ではふつうのコンピューターと変わりません。ただし、ビットが「量子ビット」になります。量子ビットとして利用されるのは、重ね合わせがおきる電子のスピンや、光子の偏光（振動の向き）などです。

量子ビットは、重ね合わせの状態を使うことで0と1の両方をあらわすことができる特殊なビットです。量子ビットは「0でも1でもある」ような不思議な状態をとることができるのです。これは、量子ビットのもつ情報量が、古典コンピューターのビットより圧倒的に多いことを意味します。

ふつうのコンピューターのビットは、10ビットあれば、0と1のパターンを「0000000000」から「1111111111」まで1024（2^{10}）通りをあつかえますが、一度に表現できるデータ（情報）は、「0110110001」のように、あくまでもその中の一つだけです。

一方、0と1の重ね合わせの状態にある10個の量子ビットは、1024種類すべての状態を同時に重ね合わせた一つの状態としてあらわすことができます。

たとえば、ビットであらわした1〜1024までの数に、ある数をかけあわせたい場合、ふつうのコンピューターだったら1024回も計算しないといけないのに、量子ビットを使った量子コンピューターなら1度の計算ですみます。これが量子コンピューターが通常のコンピューターよりも高速で計算が行える理由の一つなのです。

現在、量子コンピューターの開発競争で先頭を走っているのは、アメリカのIBMやGoogleなどの巨大なコンピューター・情報技術関連企業です。IBMは、2020年に超伝導回路方式の量子ビットを65個そなえた量子コンピューターを開発しています。

たとえば50量子ビットがあれば、理論的には重ね合わせによって2^{50}（約1126兆）通りの並列処理を行うことができ、特定の計算において、既存のスーパーコンピューターの処理能力をしのぐことができます。

またGoogleは、2019年に53量子ビットの量子コンピューターを用いて、特定の計算において量子コンピューターが既存のスーパーコンピューターの処理速度をしのぐ量子超越性を達成しました。

　ただ、量子コンピューターにはまだ課題があります。普通のコンピューターには、エラーを訂正する機能が備わっています。量子コンピューターにも、そういった訂正機能は必須ですが、量子ビットは観測すると重ね合わせ状態がこわれてしまいます。そのため、途中で誤りが発生したかどうかを観測して確かめることができません。

　そこで、量子ビットの誤り訂正に量子もつれという現象を利用したものなどが研究されています。ここではくわしく説明しませんが、そのためには、多くの量子ビットが必要になります。誤り訂正のしくみなどをそなえた実用的な量子コンピューターには、少なくとも10万量子ビット以上が必要といわれており、その実現にはもう少し時間がかかるようです。

究極的に安全な暗号技術「量子暗号」

量子論を暗号技術に役立てる研究も進められています。

生活の必需品ともいえるインターネットを安心・安全に使うために必要なのは、情報を第三者から守る「暗号」です。しかし、量子コンピューターが開発されると、現在使われている暗号は解読されてしまうと考えられています。

そこで実用化が進められているのが、第三者の盗聴が原理的に不可能な「量子暗号」です。量子論を利用した暗号である量子暗号は、絶対に情報もれがない究極の暗号技術だと考えられています。量子暗号による通信では、途中で情報をのぞき見ようとする者の存在を確実に把握することができるのです。

それでは、量子暗号のしくみを紹介しましょう。量子暗号には複数の方式が存在しますが、ここでは最も基本的な方法を、簡略化して説明します。

量子暗号による通信では、量子コンピューターのときに説明したような量子ビットを「暗号のかぎ」として使います。一つずつの量子ビットにそれぞれ0か1かの情報を乗せて送信者から受信者へ乱数を送ります。このとき量子ビットとして利用するのは、光子などです。

重ね合わせの状態だった量子ビットは、観測すると状態が確定します。これは、観測すると状態が変化し、もとの状態にもどすことも、もとの状態がどうだったかを知ることもできない、という意味です。したがって、誰かが量子ビットとして利用している光子を通信の途中でのぞき見た場合、その時点で光子が観測されたことになって、状態が変化します。つまり、かならずのぞこうとした痕跡が残ってしまうのです。量子暗号による通信では、送信者と受信者はのぞき見られなかった乱数だけを安全に共有します（量子かぎ配送）。こうして共有された乱数が情報を暗号化・復号するためのかぎになります。

メッセージ自体は、暗号のかぎを共有してから、バーナム暗号とよばれる古典的な方法を使って暗号化して伝えられます。バーナム暗号についてはくわしく説明しませんが、簡単にいえば、乱数でできたかぎを使って、情報を暗号化する方法です。このしくみでメッセージを暗号化すれば、事前に共有しておいた暗号のかぎを知らなければ解読（復号）できません。つまり、メッセージ自体はのぞき見られても問題ない、というわけです（図6-1）。

暗号化されたメッセージを受け取った受信者は、量子かぎ配送によって送信者と暗号のかぎを安全に共有しているので、それを使って暗号文を復号し、メッセージの内容を知ることができます。これが量子暗号通信のしくみです。

現在インターネットなどで利用されている暗号は、素数をたくさん並べてつくられています。膨大な計算が必要なため、通常のコンピューターではそうそう突破できませんが、現在のコンピューターの能力をはるかに超える量子コンピューターが出現すると、破られてしまう可能性があります。

しかし量子暗号は絶対に破られません。膨大な計算量で安全性を保つ従来型の暗号技術とは、安全性を保つためのしくみが根本的にことなっているのです。

【盗聴者がいない場合】

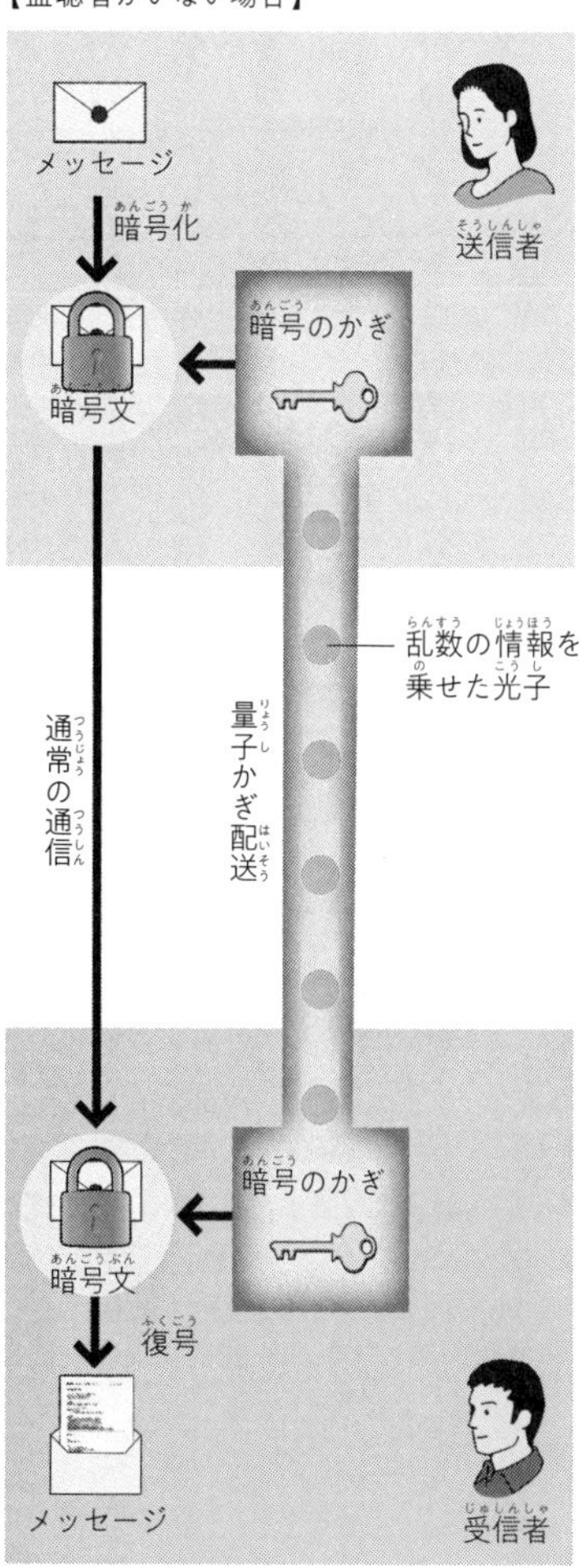

図6-1　量子暗号通信のしくみ

ただし、量子暗号は送受信に専用の装置が必要で、大きな費用がかかります。そのため、当面は一般家庭などへの普及は想定されていません。今のところ、外交・防衛をはじめとする国家機密や、金融・インフラなどの企業秘密といった重要情報での活用が考えられています。

量子暗号の課題としては、光ファイバーを使った量子かぎ配送の距離と速度に制約があるという点もあげられます。基本的に距離が長くなるほど、通信速度は遅くなってしまいます。

現時点で世界最高とされる日本の技術でも、実用的な装置では１回線の量子かぎ配送で可能な通信速度は、50キロメートルの距離なら毎秒数百キロビット程度です。これは一般的なスマホの通信速度の１００分の１程度の速さしかないことになります。

より高速に送るために、利用できる回線の数をふやして通信を高速化する方法や、中継拠点を設けて量子かぎをリレー配送する方法、人工衛星を使う方法、そして、このあとお話しする量子もつれを使う方法などの研究が進んでいます。

量子暗号の分野は、はげしい研究開発競争が繰り広げられています。とくに中国は、国家主導の巨大プロジェクトを次々に進めており、スケールは群を抜いています。中国は、2016年に量子暗号用の人工衛星を打ち上げました。2017年には、北京から上海にわたる約2000キロメートルをつないだ量子暗号ネットワークを構築しており、金融などの分野で試験的な利用がはじまっているとされます。

また、日本も負けてはいません。2010年にNICTなどが東京都内の100キロメートル圏内で構築した試験用の量子暗号ネットワークは世界で最も長い運用実績があり、実用化に大きく貢献しています。日本は基礎研究の蓄積があり、実用的な装置による量子かぎ配送の速度など、世界的に優位に立っている面もあります。

今後5～10年で量子暗号関連のさまざまな分野における利用の実績が積み上げられ、ビジネスとしての規模も拡大するとみられています。21世紀の重要な情報インフラを守るものとして、量子暗号は重要な技術と考えられているのです。

「量子のもつれ」を使った、量子テレポーテーション

最後に紹介するのは、量子テレポーテーションです。量子論を応用すれば、理論上、遠くはなれた場所に情報を転送する量子テレポーテーションが可能だと考えられています。量子テレポーテーションを使った通信は、どれだけ遠い場所でも、確実に、盗み見られることなく情報を伝えることができます。

量子テレポーテーションもしくみがむずかしいので、ここでは概要だけを説明します。ここでポイントとなるのは量子もつれです。量子もつれは、第4章でもすこしだけ登場しました。

アインシュタインらが1935年に論文で指摘した奇妙な遠隔作用が、のちに量子もつれなどとよばれるようになったのです。

ここで、論文で示された思考実験とはことなりますが、改めて光子の偏光（光の波の振動方向）を使って量子もつれを説明しましょう。

まず光子は、偏光の状態が水平方向と垂直方向の二つの方向を同時にとることができます。重ね合わせの状態です。しかし観測すると、重ね合わせの状態はなくなり、光子の偏光はどちらか一方に決まります。

さて、特殊な装置を使うと、「偏光の向きが、たがいに90度ことなる」という光子のペアをつくることができます。もちろんどちらの光子もそれぞれ、観測前は偏光の向きが重なった状態です。

この二つの光子を遠くに引きはなしたあとに、一方の光子の偏光の向きを測定したら「横向き」だったとします。するとその瞬間、もう一方の光子がどんなにはなれていても、偏光の向きは「縦向き」に確定します。このような光子のペアの不思議な関係性を量子もつれとよぶのです。

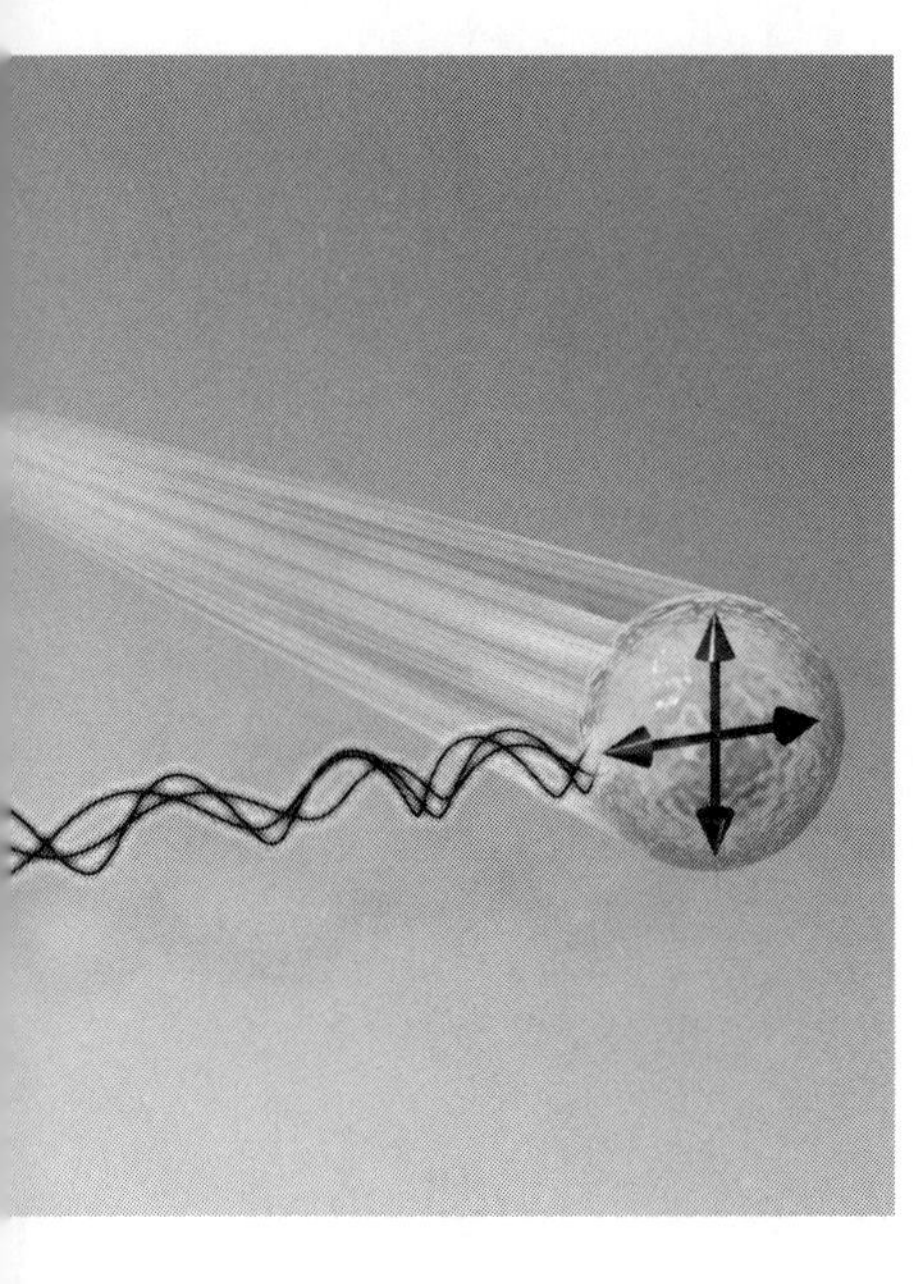

もつれた二つの光子の間では、一方の光子の測定結果が、どんなに遠く離れていようと瞬時にもう

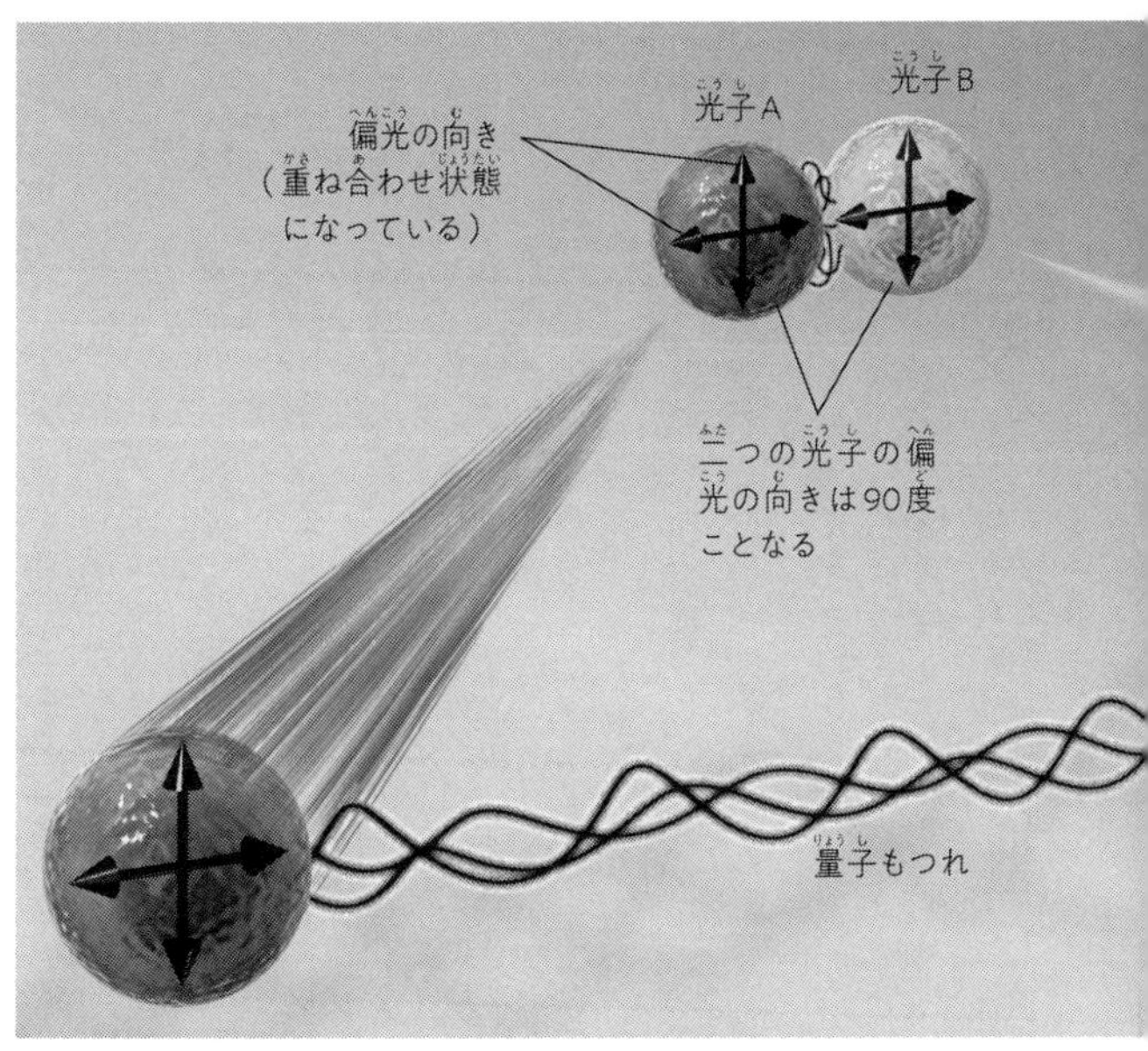

図6-2　量子もつれにある二つの光子　一方の光子の偏光の向きを観測すると、もう一方の光子の偏光の向きも即座に決まる。

一方の光子に影響することになります。

むずかしくなるので、くわしい説明は省きますが、量子テレポーテーションでは、情報の送信側と受信側であらかじめ量子もつれになった光子のペアの一方をそれぞれもっておきます。そのあとで、送信者側の光子に、送信したい情報をもった量子ビットをからませます。すると、量子ビットの情報が受信者側の光子へと転送されます。こうして量子ビットの情報を送ることができるのです。これが量子テレポーテーションです。量子テレポーテーションを使うと、内容を完全に秘密にしたまま通信ができます。

ただ、光ファイバーを使った送信では、どうしても途中で光が弱まってしまうため、光子を送ることのできる距離に限界があります。現状では光ファイバーで光子を届けられる距離は100キロメートル程度が限界です。

それよりも遠い距離では、中継(量子中継)が必要です。短距離で量子もつれを複数つくり、あとでそれらを〝統合〟して、送信者と受信者をつなぐ、一つの長い量子もつれをつくるのです(図6-3)。

さらに、人工衛星を使えば、一気に遠い場所に量子もつれ状態にある光子を配送することができます。中国の研究グループによって、人工衛星を使って宇宙から光

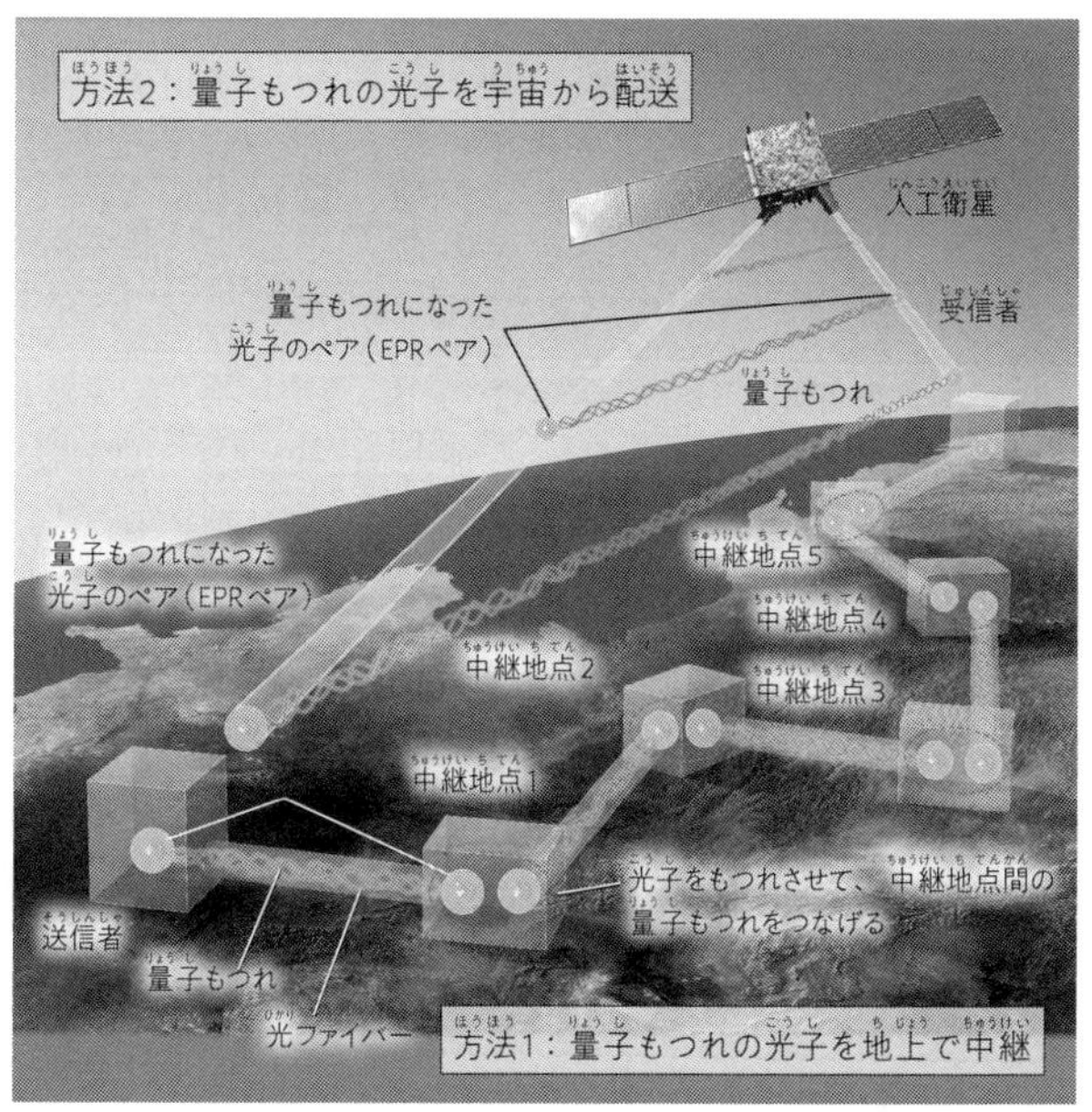

図6-3

子を送るという方法で、中国内の1200キロメートルはなれた場所で量子情報通信を行うことに成功しています。

世界は今、第2次量子革命のまっただ中にある

今からおよそ100年前の1925年から

1926年にかけて、量子論の基礎が確立しました。多くの天才的頭脳によって、またたく間に量子論の枠組みが完成したのです。

そして100年後の現在、世界では量子論に関する革新的な成果があいついでいます。量子コンピューターなどの分野で実証実験が急速に進展し、量子もつれなどの現象がコントロールされ、実証できるようになってきました。これを、「第2次量子革命」とよぶ人もいます。

第2次量子革命からは、社会を変革するような応用技術やイノベーションが数多く生まれると期待されています。そのため、アメリカやヨーロッパ諸国、中国などの世界各国は、量子論を利用した新技術の開発を進めています。

日本の文部科学省も2017年、「量子科学技術」を推進するロードマップを策定しました。そこには「量子情報処理（量子シミュレーター・量子コンピューター）」「極短パルスレーザー」「量子計測・センシング」「次世代レーザー加工」という、四つの研究領域があげられています。

量子計測とは、電子のスピンや光子の量子もつれなどを利用する新しい計測技術のことです。これによって、かつてない感度のセンサーや、超微量物質の計測などが可能になるかもしれません。レーザーは製造の現場で、切断や接合などの加工に広く使われていますが、どうしてレーザーで切断や接合ができるのか、そのメカニズムは実はよくわかっていません。これを解明すれば、どのような材料加工にどのようなレーザーが適するか予測でき、加工の効率が格段に向上するでしょう。こうした技術が「次世代レーザー加工」とよばれます。

このロードマップにあげられている領域以外にも、急発展している量子論の応用研究や基礎研究は数多くあります。宇宙を観測してその構造や進化を研究する「観測的宇宙論」、素粒子理論、ブラックホール理論などで、量子論の革新を予感させる報告がいくつもあがっているのです。

完成から約１００年、量子論は新たな時代に突入したといえます。量子論が物理学や私たちの生活をどう変えていくのか、さらなる研究の進展に期待しましょう。

Staff

Editorial Management 中村真哉
Editorial Staff 井上達彦
Design Format 村岡志津加（Studio Zucca）

Illustration

表紙カバー 松井久美
表紙 松井久美
22~209 Newton Press

監修（敬称略）：
松浦 壮（慶應義塾大学商学部教授）

2023年7月10日発行

発行人 高森康雄
編集人 中村真哉
発行所 株式会社 ニュートンプレス
〒112-0012 東京都文京区大塚3-11-6
https://www.newtonpress.co.jp/

ISBN978-4-315-52707-0